把财富留给孩子，不如把孩子变成财富！
家风家训的传承才是最好的财富传承！

人生规训

经典范本

家训三字箴言

刘剑峰 编著

有声阅读版
扫一扫·听名师讲家训

沈阳出版发行集团
沈阳出版社

图书在版编目(CIP)数据

家训三字箴言 / 刘剑峰编著. -- 沈阳：沈阳出版社，2019.9

ISBN 978-7-5716-0539-1

Ⅰ.①家… Ⅱ.①刘… Ⅲ.①家庭道德-中国-通俗读物 Ⅳ.①B823.1-49

中国版本图书馆 CIP 数据核字(2019)第 258093 号

出版发行:沈阳出版发行集团 | 沈阳出版社

（地址:沈阳市沈河区南翰林路 10 号　邮编:110011）

网　　　址	:http://www.sycbs.com
印　　　刷	:长沙市精宏印务有限公司
幅面尺寸	:170mm×240mm
印　　　张	:6 印张
字　　　数	:80 千字
出版时间	:2020 年 4 月第 1 版
印刷时间	:2020 年 4 月第 1 次印刷
选题策划	:张晓薇
责任编辑	:杨敏成
装帧设计	:潇湘悦读
责任校对	:张　晶
责任监印	:杨　旭

书　　号:ISBN 978-7-5716-0539-1

定　　价:30.00 元

联系电话:024-24112447

E - mail:sy24112447@163.com

前　言 >>>

习近平总书记说："家庭不只是人们身体的住处，更是人们心灵的归宿。家风好，就能家道兴盛、和顺美满；家风差，难免殃及子孙、贻害社会，正所谓'积善之家，必有余庆；积不善之家，必有余殃'。"

说到家教、家风、家训，我们马上就会想到过去的世家大族、百年古训。历史表明："一家仁，一国兴仁；一家德，一国兴德""家风正则后代正，则源头正，则国正"。一个家庭的兴旺发达，必与其良好的家风、家教、家训分不开的。人类社会经历了氏族、家族、家庭的变迁，然而，这些都是形成一个国家的基石。家族为了维持必要的法制制度，就拟定了一系列的行为规范来约束家族中人,这便是家法家训的最早起源。家训,作为中国传统文化的重要组成部分,也是家庭中的重要组成部分,它在中国历史上对个人的修身、齐家发挥着重要的作用,更是使国家更加富强的必不可少的一种力量。

家训之所以为世人所重视,因其主旨是推崇忠孝节义、教导礼义廉耻。此外,提倡什么和禁止什么,也是族规家法中的重要内容。千百年来,每个家族都有不同的族规家训,家谱中记录了许多治家教子的名言警句,成为人们倾心企慕的治家良策,成为"修身""齐家"的典范。

汉初起,家训著作随着朝代演变逐渐丰富起来。其中脍炙人口的当数"儒学第一书"的《孔子家语》、南北朝颜之推的《颜氏家训》、北宋司马光的《家范》、明末清初朱柏庐的《朱子家训》、晚清曾国藩的《家书》,其他较为著名的还有朱熹的《家训》、袁采的《袁世家训》、郑太和的《郑氏规范》、姚舜牧的《药言》、张英的《听训斋话》、张履祥的《训子语》等。这些有名的家训著作不仅影响了本家族的成员,还在社会上广为流传,成为一种公共文化影响着华夏子孙。

"家是最小国,国是千万家。"在中国传统文化中,"家国天下"的情怀深入每一个中国人的骨髓,既是一种情怀,也是一种责任和担当。天下、国和家三者中,国家是根本,先有国泰才能民安,然后才可能天下太平。顾炎武在《日知录》中说过一句很有名的话:"天下兴亡,匹夫有责",这句话的根源也是家国天下的思想。国家繁荣富强了,那每一个身处其中的国民都会受益。同样,天下太平、国家兴亡也要成为我们每一个人都应恪守的责任和义务。我们理应传承这种家国天下精神，为天下、国和家贡献一分力所能及的力量，振兴家风家教，建设家庭品德，使其在社会风气构成和国家治理中起到润物无声的作用。

因此，笔者在编写这本书时，深刻领悟到家训对一个家庭、社会乃至国家的重要性影响。同时，受另一本古典文学著作《三字经》的启发，根据该书相同的韵律及形式，创作了中国首部以《三字经》形式、融入家训内容的家风类著作。尽管这形式非常传统，内容极其复古，篇幅更是精悍，3字为一句，4句为一行，总共14行168个字。其内容却涵盖了家风、家教、家训的所有范畴。当然，在此要感谢古人的智慧，书稿中引用了大量典故，其中每个故事都是那么励志和鼓舞人。为了让读者更加理解其中之要义，笔者根据每4句一小节的形式，按"译文""释义""导读"三部分进行分解，再配上3个传统故事进行生动演绎。而且，每一节我们均有一个二维码，大家扫一扫就会惊喜地发现，该书利用当前科技的力量，全部有声化了。用声音的艺术对优秀家训进行更便捷的传播，这种推动文化的方式本身就是一种传承创新。这样的家训，在朗朗上口的阅读中，在多方面全视角的解读中，在优美动听的故事里，再配上我们主播生动地讲解，应该比生硬说教来得更愉快更容易让人接受。

本书不仅是宣扬传统文化的读本，更是人生规训，于简言中明了真谛，博观而约取，实属难得，可谓当下塑造"家训文化"的经典范本。我们认为，这是一本播撒幸福和爱的种子之书，是一本传播中华优秀传统文化的正能量之书。家规正则家风正，家风正则家道兴，家道兴则国运昌。

让我们重温家规，重建家训，重整家风，把中华民族的传统美德、文化智慧世世代代传承下去。

编写出版这样一本家训书，对笔者来说是一项非常具有挑战性的工作。但在广大朋友的支持与期盼下，终于圆满完成并成功付梓。在编写过程中，先后得到湖南读书会会长张立云、《湖南文学》杂志艺术总监吴凯以及沈阳出版社编辑老师的支持与帮助，在此一并致谢。

目 录 CONTENTS

前　言 …………………………………………………… 01

家训三字箴言 …………………………………………… 01

孝为先　信是本　守礼规　乐积善 ………………… 03

故事:刘恒孝母 ………………………………………… 05
故事:立木为信 ………………………………………… 06
故事:烽火戏诸侯 ……………………………………… 07

俭持家　勤为径　身作则　德名立 ………………… 08

故事:皇帝请客 ………………………………………… 10
故事:勤能补拙 ………………………………………… 11
故事:割发代首 ………………………………………… 12

幼明志　贵以恒　壮而行　善纳士 ……………………… 13

故事:破釜沉舟 …………………………………………… 15

故事:孟母断机 …………………………………………… 16

故事:一个好汉三个帮 …………………………………… 17

利不独　谋不众　过必改　能莫忘 ……………………… 18

故事:刘邦和项羽的不同 ………………………………… 20

故事:非六十万人不可 …………………………………… 21

故事:晏子改过 …………………………………………… 22

预则立　速不达　自修齐　上治平 ……………………… 23

故事:临渴掘井 …………………………………………… 25

故事:揠苗助长 …………………………………………… 26

故事:三不朽 ……………………………………………… 27

静致远　动神疲　知人智　自知明 ……………………… 28

故事:不为五斗米折腰 …………………………………… 30

故事:火烧新野 …………………………………………… 31

故事:邹忌比美 …………………………………………… 32

满招损　谦受益　福祸依　处泰然 ……………………… 33

故事:骄兵必败 …………………………………………… 35

故事:谦虚的诗人 ………………………………………… 36

故事:塞翁失马 ……………………………………………… 37

曲为聪　变则通　少亦得　多亦惑 ……………………… 38

故事:胯下之辱 ……………………………………………… 40
故事:晏子智救烛邹 ……………………………………… 41
故事:一锭金元宝 ………………………………………… 42

不物喜　勿己悲　无所得　无挂碍 ……………………… 43

故事:雄才多磨难 ………………………………………… 45
故事:六尺巷 ……………………………………………… 46
故事:楚王失弓 …………………………………………… 47

实无相　五蕴空　知足乐　知止安 ……………………… 48

故事:色即是空 …………………………………………… 50
故事:清福 ………………………………………………… 51
故事:水能载舟,亦能覆舟 ………………………………… 52

庄周马　范蠡舟　唯不争　故无忧 ……………………… 53

故事:功成身退 …………………………………………… 55
故事:司马懿的进退 ……………………………………… 56
故事:三季人 ……………………………………………… 57

似无为　即有为　天地人　道自然 ……………………… 58

故事:以德化民 …………………………………………… 60

故事:鹬蚌相争 ·· 61

故事:萧规曹随 ·· 62

留尺璧　终外物　故箴言　望勉之 ························ 63

故事:卜氏牧羊 ·· 65

故事:授人以鱼,不如授之以渔 ····························· 66

故事:互市的智慧 ·· 67

扬正气　人自强　门风立　家和兴 ························ 68

故事:陶母退鱼 ·· 70

故事:一门三院士 ·· 71

故事:破荡败业非子孙 ·· 72

附录　中国传统五大家训 ······································ 73

孔子家训 ·· 73

司马光家训 ··· 75

颜氏家训 ·· 77

朱子家训 ·· 79

曾氏家训 ·· 81

家训三字箴言

孝为先　信是本　守礼规　乐积善
俭持家　勤为径　身作则　德名立
幼明志　贵以恒　壮而行　善纳士
利不独　谋不众　过必改　能莫忘
预则立　速不达　自修齐　上治平

静致远　动神疲　知人智　自知明
满招损　谦受益　福祸依　处泰然
曲为聪　变则通　少亦得　多亦惑
不物喜　勿己悲　无所得　无挂碍
实无相　五蕴空　知足乐　知止安

故无忧
道自然
望勉之
家和兴

唯不争
天地人
故箴言
门风立

范蠡舟
即有为
终外物
人自强

庄周马
似无为
留尺璧
扬正气

孝为先 信是本
守礼规 乐积善

有声诵读

扫一扫 听名师讲家训

译文...

百善孝为先，人生在这个世界，长在这个世界，是父母给予了生命，含辛茹苦哺育我们成长，要懂得孝敬父母，回报养育之恩，这是天经地义的事；人无信不立，业无信不兴，不讲信誉的人会寸步难行，诚信就是为人的基本；不守规矩，不成方圆，懂礼是必须要有的素质；明是非，知荣辱，勿以恶小而为之，勿以善小而不为，但行好事，莫问前程，积善之家，始终会有余庆。

释义...

"仁、义、礼、智、信"为儒家"五常"，孔子提出"仁、义、礼"，孟子延伸出"智"，董仲舒扩充到"信"，此为做人起码的道德准则和伦理原则，天下太平归根结底还是在于人伦秩序，儒家视"五常"为人伦秩序的基本规范。

导读…

《百孝篇》开篇曰："天地重孝孝当先，一个孝字全家安。"《孝经》中也提出："天地之性，人为贵；人之行，莫大于孝。"孝是百行之源，孝是八德之首。没有父母的养育，就没有我们的存在，孝顺父母，是天性良知，是义务责任。

社会是人性框架下的组织，孝心为先，传承有序，伦理分明，这才是一个健康有序发展的社会之根本。

我们先来认识，怎么样才为尽孝？

在古人看来，孝有三个层次：小孝身，供养父母，保障衣食，让父母在生活上舒适；中孝心，陪伴父母，顺从教导，让父母在身心上舒畅；大孝志，光耀门第，有所作为，让父母在精神上荣耀。从"身""心"到"志"，显然这种递进式关系也表明了孝道的重要性。我们不仅要从"身""心"方面遵从孝的礼数，最高境界的孝是从精神方面让父母以你为荣。

俗话说："一而二，二而一。"有行孝，就有养育，这二者是分不开的。行孝是儿女的职责，养育是父母的职责，养育是因，行孝是果。父母不仅是生养儿女，更重要的是教育儿女，并且要身体力行，儿女才会受到引导而效仿行知。

当下，很多家长忙于事业，把儿女的教育寄望于学校和某些教育机构。殊不知，教书育人各有其责，学校主要在于教书，传授知识；家庭功能在于育人，言传身教影响儿女的品行。学校教育和家庭教育是相辅相成的，不能忽略任何一方。

生而不养教，家庭仅仅是血缘关系的维系；生且养教，才是一个家族人文昌盛、生生不息的根源。

01 故事：刘恒孝母

公元前 202 年，刘邦建立了西汉政权。刘邦的三儿子刘恒，即后来的汉文帝是一个有名的大孝子。刘恒对他的母亲薄太后很孝顺，侍奉母亲从不懈怠。

自古道："久病床前无孝子"，而刘恒却能做到日复一日，年复一年，孝敬父母，从不因时间而改变。有一次，他的母亲患了重病，一病就是三年，卧床不起。刘恒亲自为母亲煎药，并且日夜守护在母亲的床前，常常目不交睫，衣不解带。每次看到母亲睡了，他才趴在母亲床边睡一会儿。刘恒天天为母亲煎药，每次煎完，自己总先尝一尝，看看汤药苦不苦，烫不烫，自己觉得差不多了，才会给母亲喝。三年后，母亲的身体终于康复，他却由于操劳过度累倒了。刘恒这样的仁义和孝顺感动了天下人，在朝野广为流传，人们都称赞他是一个仁孝之子。

刘恒在位 24 年，重德治，兴礼仪，注重发展农业生产，使西汉社会稳定，人丁兴旺，经济繁荣，他与汉景帝的统治时期被誉为"文景之治"。

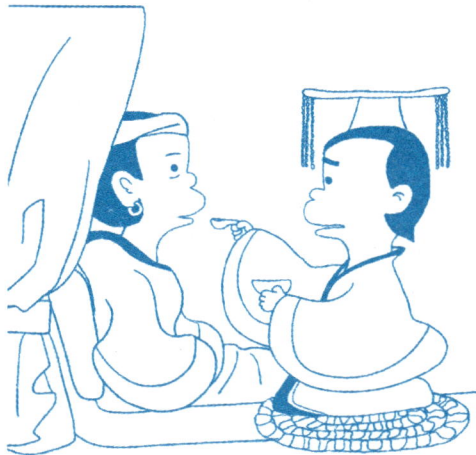

02
故事：立木为信

春秋战国时，秦国在政治、经济、文化各方面都比其他诸侯国落后。秦国的商鞅在秦孝公的支持下实行变法。

当时处于战争频繁、人心惶惶之际，为了树立威信，推进改革，商鞅想出一个办法：叫人在都城的南门竖了一根三丈高的木头，当众许下诺言，谁能把这根木头扛到北门去，就赏十两金子。不一会儿，南门口围了一大堆人，大家议论纷纷，围观的人都认为这根木头谁都拿得动，根本用不着赏十两金子，这肯定是在开玩笑，结果没人去试。于是，商鞅将赏金提高到五十两金子。看热闹的人越加不相信这样轻而易举之事能得到这么高的赏赐。然而，重赏之下必有勇夫，在别人都议论纷纷的时候，有个人抱着试试看的念头，不费吹灰之力将木头扛到了北门。商鞅立即赏了他五十两金子，一分也没有少，以表明自己的诚意。这一举动使商鞅的名声大噪，全国的百姓都觉得商鞅是一个守信用的人。

就这样，在老百姓的信任之下，使得商鞅的变法可以顺利实施下去。

03

故事：烽火戏诸侯

周幽王是西周的末代君王，他当政的时候昏庸无道，不治理国家。周幽王有个宠妃叫褒姒，为博取她的一笑，周幽王会不择手段地想尽一切办法。

有一次，周幽王带着褒姒到骊山烽火台游玩。周幽王告诉褒姒，烽火台是传报战争消息的建筑，当敌人侵犯边境的时候，烽火台上的驻兵点燃烽火报警，诸侯国就会立刻派兵来援助。褒姒不相信点把火就能招来千里之外的救兵。为了讨得褒姒的欢心，周幽王不顾众人的劝阻，下令让士兵点燃烽火。各地的诸侯得到警报，以为国都受到进攻，纷纷率领军队前来救援。当各路诸侯匆忙赶来时，却看见周幽王和妃子正在高台上饮酒作乐，根本就没有什么敌人，才知道自己被愚弄了，只能率领军队返回。褒姒看到平日威仪赫赫的诸侯们，被戏耍后都是一脸的狼狈，手足无措的样子，忍不住微微一笑。周幽王见宠爱的妃子终于笑了，心里痛快极了。

后来，西周真被外敌入侵，周幽王再次点起烽火报警，可诸侯们担心上当，谁都不相信，没有一个人带兵去救援的。结果周幽王被逼自刎，褒姒被抓走，西周王朝也就灭亡了。

可见，"信"不仅对个人，对一个国家的兴衰存亡都起着非常重要的作用。

俭 持 家 　 勤 为 径
身 作 则 　 德 名 立

有声诵读

扫一扫　听名师讲家训

译文...

　　节俭持家既能养德，又能立业兴家；勤奋刻苦是成就事业的途径，勤和俭是中华民族传统美德，这些都要从自身做起，恪守自律，言传身教做好榜样。有了这些高尚的品德，美名就会随之建立起来，人的举止和仪表也都会端庄起来。

释义...

　　"俭则约，约则百善俱兴；侈则肆，肆则百恶俱纵。"这话出自清代学者金缨的《格言联璧·持躬》一书中，意思是：节俭则会有节制，有节制则百善都兴起来；奢侈则会放肆，放肆则百恶都会爆发出来。

勤、俭两字不分家，一勤一俭之谓道。只勤不俭，金盆漏底；只俭不勤，坐吃山空。勤俭是中华文化的传统美德，不管是个人、家庭还是国家，都有相当重要的意义。

从个人而言，俭为养德之道，勤俭的生活习惯是自我修养的一种体现，可以降低人的物质欲望，减少外物的刺激需求，通过清心寡欲来修身养性，提升内在的道德修养。而奢靡享乐则是欲望膨胀的开始，是走向腐化堕落的第一步。比如在三国时期，诸葛亮《诫子书》写到"俭以养德"，即节俭可以培养自己的品德；"淫慢则不能励精"，即荒淫散漫就不能励精图治。只有勤俭才能培养自己远大的志向，学业和事业才能有所成就，品德才会高尚。

从家庭而言，奢靡享乐和懒惰无为都会使家业败落，勤俭的习惯可以减少家庭开支，更好地经营家庭生活，进而减少社会的不正之风，比如铺张浪费、拜金主义、享乐主义等，具有现实的社会意义。如果家庭教育没有勤俭观念的植入与传承，这一魔咒就会马上灵验。

从国家而言，勤俭是立国之本，也是治国之道。俭可以养廉，勤可以兴国。在繁荣盛世的贞观时期，魏徵仍不断谏劝唐太宗要"居安思危，戒奢以俭"。反之，历史上很多昏庸之君，一旦当权就大行奢靡之风，认为普天之下都是自己的，想怎么样就怎么样，结果很快就将国家折腾到"灰飞烟灭"。可见，勤俭这种精神品质在治国方面也是不可缺少的，它是一个国家持续发展的动力。

勤俭不兴，贪欲不止；节约不行，欲壑难平。唯有把勤俭作为一种境界去修养，作为一种品格去恪守，才能自由行走在清正的大道上。

家训三字箴言

俭持家 勤为径 身作则 德名立

09

04

故事：皇帝请客

　　朱元璋的故乡凤阳，流传着"四菜一汤"的歌谣：皇帝请客，四菜一汤，萝卜韭菜，着实甜香；小葱豆腐，意义深长，一清二白，贪官心慌。

　　朱元璋是从一个小乞丐成为大明王朝的开国皇帝。当时天下太平，百姓安居乐业，但是很多开国功臣却在这时开始堕落腐败了。朱元璋对他们劝了又劝，但就是不听，这时他想了一个主意，邀请群臣大摆了一场宴会。

　　很多大臣都高高兴兴地去了，心想着皇帝请客，一定是山珍海味，可以大饱口福。但是，到上菜时所有人都傻了眼，只有胡萝卜、韭菜、青菜还有豆腐。大臣们嫌菜不好，都不愿意动筷子。朱元璋见谁都不吃，就告诉了大臣们这几道菜的寓意，是为了劝诫大臣们一定要清正廉明，官员贪腐会害了国家。接着，他还将送重礼的本家侄子朱涛推出斩首。此举一出，群臣皆大惊失色，也给那些搞歪门邪道的贪官污吏敲起了警钟。自此之后，官场上节俭之风日盛。

05

故事：勤能补拙

白居易在唐代有"诗魔""诗王"之称，是中唐时期的现实主义诗人。中年时曾担任进士考官、左拾遗、京兆府户部参军、太子左赞善大夫……虽然一度官居高位，仕途却并不平坦。他的思想兼有儒家、道家、佛家，并且以儒家思想为主，诗歌情感多系于时政，强调诗歌揭露和批评政治弊端的功能，甚至有兼济天下的情怀，敦促人们正视现实，关心百姓疾苦，推动社会发展。

825 年，朝廷诏封白居易为苏州刺史。这年阳春三月，白居易乘船离开洛阳，经过千山万水来到苏州。当地居民齐心整理市容，迎接新的地方官吏上任，这使得白居易感动不已。

他对苏州早已神往，知道有不少名山胜水值得游玩，但因到任后事情繁多，他无暇抽空散心，夜以继日埋首于政务公文中，甚至通宵不眠，也不以为意。

白居易勤于政事，他认为自己生来笨拙只有靠勤奋才能来弥补。在寄给朋友的书信中，曾有一句是"补拙莫如勤"，意思是再愚钝的人，只要勤勉亦能弥补不足。

06

故事：割发代首

建安三年夏，曹操亲自率领大军兵发宛城讨伐张绣。此时麦子已熟，曹操对全军下令，不准践踏麦地，否则要杀头。于是官兵们都下马用手扶着麦秆，一个接着一个，小心翼翼地走过麦田，没一个敢践踏麦子的。老百姓见了，没有不称颂的，有的望着官兵的背影，还跪在地上拜谢。

曹操骑马正在走路，忽然，田野里飞起一只鸟儿，惊吓了他的马。他的马一下子蹿入田地，踏坏了一片麦田。曹操立即叫来随行的官员，要求惩罚自己践踏麦田的罪行，被执法官拒绝。

官员说："怎么能给丞相治罪呢？"曹操回答："我自己说的话，自己都不遵守，那还会有谁心甘情愿地遵守？一个不守信用的人，怎么能统领成千上万的士兵呢？"说完，曹操就抽出腰间的佩剑要自刎，众人连忙拦住。于是，他就用剑割断自己的头发说："那么，我就割掉头发代替我的头吧。"

在古代，头发是从父母那里继承来的，随便割掉不仅大逆不道，而且还是不孝的表现。曹操作为一代政治家，能够严于律己，以身效法，是非常难能可贵的。

幼明志 贵以恒
壮而行 善纳士

有声诵读

扫一扫　听讲名家师训

译文...

　　从小就要树立自己明确的志向，并且付诸实际行动，持之以恒地朝着目标努力，用自己的远大志向去影响和成就更多的人，要善于聚集有能力的贤达人才，整合他们各自的长处一起去实现梦想。

释义...

　　"有志者，事竟成。"这一成语出自《后汉书》，借汉光武帝之口说的，激励人们克服困难。立志是成就事业的基础，人生没有理想，就像一只没有舵的船，只能在茫茫大海中随风飘荡，随波逐流，永远无法达到彼岸，甚至为狂风恶浪所吞没。一个有志气的、永不屈服的人，做事情是一定会成功的。

导读...

一滴水怎么样才能够不干枯呢?就是把它放到大海里去。一人拾柴火不旺,众人拾柴火焰高。一人难挑千斤担,众人能移万座山。这是一个讲究合作共赢的时代,单打独斗已经成就不了大事,因为一个人再有能力,也干不过一群人。这就是个人与团队之间的关系。只有得到了团队或者众人的支持,个人才会有无穷的力量;只有善于整合资源,懂得团队合作,才更有利于实现目标,提高效率。

团队协作不仅是个人成长的优良土壤,更是成就事业的力量源泉。在团队里遇到问题,因大家思考的层面、方向都不相同,更能够集思广益,从而能得到最好的解决方案,成员既可以分工协作,各施所长,又能相互学习,取长补短,共同进步。

三国赤壁之战,诸葛亮草船借箭,把敌军的战备资源借过来去打敌军;南中平定战,诸葛亮七擒七纵孟获,用蛮族的领袖来抚平蛮族。春秋时期著名军事家孙武认为,军队只有像蛇一样成为一个整体,首尾相顾,彼此救援,才能取得胜利。古人这种资源上整合转化的智慧,在当今都值得我们学习和借鉴。

当前的大企业无不采用集团化管理。集团成员企业之间在研发、采购、制造、销售、管理等环节紧密联系在一起,协同运作。这种抱团式发展的模式,其实就是一个资源整合的过程。

这个世界有我们所需要的一切资源,比如资金、人才、技术等,我们要做的就是把这些资源整合起来,运用智慧做有机的组合,为我所用。21世纪也是资源整合的时代,你一旦学会整合,就可以立刻达成目标,所以未来的成功一定是资源整合的成功。因为有一群比你更专业的人,你要把别人的优势拿过来,与之合作。

07

故事：破釜沉舟

幼明志 贵以恒 壮而行 善纳士

　　秦朝末年，各地百姓纷纷起义。当时，项羽和他的叔父项梁，在吴中起兵反秦，声势浩大。项羽身材魁梧，气力过人，一人就能扛起一座鼎。他和叔父起兵后，获得节节胜利。

　　后来，项梁随着战争的胜利，产生骄傲情绪，最后战死在定陶。秦将章邯，引军渡过黄河北上，围攻赵国。赵国危急，赶紧向各国求救。然而各国的援军看到秦军气势那么强，根本不敢援救赵国，义军主将宋义，畏惧秦军，贻误战机，项羽一怒之下，在营帐中把宋义斩了，亲自带兵渡河援赵。

　　项羽带领大军渡过黄河后，面对滔滔的黄河水，领着八千江东子弟兵发誓："不击败秦军，决不收兵；不消灭章邯，我项羽誓不为人。"

　　说完话，项羽下令破釜沉舟。烧了帐篷，击沉船只，断绝了士兵战败后还能渡河回去的念头。并砸掉做饭用的锅，每人只给三天的干粮，表现出必死的决心。楚兵一看已经没有后路了，在项羽带领下个个以一当十，拼死血战，最后将强悍的秦军打败，项羽也从此威震天下，成了诸侯的霸主。

15

08 故事:孟母断机

战国时期,儒家学派代表人物孟子小的时候,母亲送他去读书。刚开始孟子觉得读书很新鲜,还懂得用功,后来日复一日就感觉没什么意思,渐渐学会了偷懒、贪玩,不肯继续用功读书了。

有一天,他竟然逃学回家。当时母亲正在家中织布,一看见他逃学回来,就拿起剪刀把织布机上织了一半的布剪断了。孟子很惶恐地跪下,问母亲为何要把布剪断。

母亲责备说:"求学跟织布的道理是一样的,这些丝织品都是从蚕茧中生出,又在织机上织成。一根丝一根丝地积累起来,才达到一寸长,一寸一寸地积累,才能成丈成匹。现在如果割断这些正在织着的丝织品,那就是放弃成功,迟延荒废时光。求学更是要不断地用功,最后才会积累到很多的学问,有所成就。而你现在却偷懒逃学,不肯用功读书,这样自我堕落,如何能成就学业?同切断这丝织品又有什么不同呢?"

孟子听了母亲这番话,非常惭愧,立刻向母亲认错,从此发愤向学。经过长年累月的努力,终于成就了自己的道德学问。

09

故事：一个好汉三个帮

秦朝末年，群雄并起，刘邦打败项羽，建立汉朝。

汉高祖刘邦在一次群臣宴会上问道："你们要实话实说，我何以得天下？项羽何以失天下？"群臣的回答全部是歌功颂德的话，讲不出什么要领。

刘邦说："我之所以有今天，得力于三个人，要说谋略，运筹帷幄之中，而决胜于千里之外，那我比不上张子房；要说管理国家，安抚百姓，源源不断地保证物资和粮食供应，那我也不如萧何；至于统领百万大军，攻无不克，战无不胜，那我更比不上韩信。这三个人都是人中豪杰之士，我能够恰当地使用他们，这才是我能够夺取天下的根本道理。项羽有一个范增而不能信任，这才是他败给我的根本原因啊！"

这里所说的张良、韩信、萧何即为汉初三杰。可以说，刘邦能够取得天下，仰仗最多的是这三位。项羽相比刘邦，武艺高强，一个人就有万夫莫当之勇，然而不会笼络人心，缺少领导力，最终功败垂成。

利不独　谋不众
过必改　能莫忘

有声诵读

扫一扫　　听名师　讲家训

译文...

　　团结大家共事要舍得，有舍才有得，小舍小得，大舍大得，不舍不得。懂得利益分享，才能收获人心；谋划事情可集思广益，思考周全，但决断要有主见，不要听泛泛的众人之见，更要防止策略泄露；行事过程中要不断完善自己，有过错的地方及时修正，自己擅长的能力要不断练习提升，千万不能忘记。

释义...

　　集思广益的前提是对有价值的看法而言，而实际有价值的看法往往不会很多。《淮南子·人间训》："今万人调钟不能比之律，诚得知者，一人而足矣。"参与决策的人的数量并不等于质量，低层次的智慧累加并不能产生较高的智慧。

　　曾国藩与张之洞、李鸿章、左宗棠，并称"四大名臣"，是中国近代理学家、政治家、书法家、文学家，享有"千古第一完人"美誉。他的《曾国藩家书》时至今日仍然被人们研读，其中蕴含的种种道理一直广受人们的称道。他有著名的人生"六戒"理念，其中第四戒为"利可共而不可独，谋可寡而不可众"，意思是：利益，往往是众人都渴望得到的，如果谁独占了利益而不与大家分享，那么一定会招致怨恨，甚至成为众矢之的。

　　曾国藩早期以道义号召众人与他一起抵挡太平军，但发现投奔他的人都去了胡林翼那里。后来他才明白，人都有私心，那些人在这里既得不到官，也发不了财，于是就都走了。

　　从此以后，曾国藩在用人方面改变策略。他建立了有效的激励机制，针对不同人的不同需求，采取"武人给钱，文人给名"的措施来激发他们的积极性，结果皆大欢喜，军心一统，为最终平定太平军的功业奠定了基础。

　　天下熙熙皆为利来，天下攘攘皆为利往，可见利益是人之向往的。所谓"人为财死，鸟为食亡"，也是这个道理。但是，面对利益，一定要权衡取舍之道。刘邦攻破咸阳，却不敢占据其地；曹操能够"挟天子以令诸侯"，却终其一生不敢篡汉自立，他们都是怕成为众矢之的。

　　谋划事情，一定要跟有主见的人一起，而不要与平庸之人一起谋划事情，并且贵在迅速做出决策，商议的人太多，既会动摇决策的诞生，也有泄露秘密的担忧。一定要分清什么适合"众"，什么适合"独"。正如《战国策》所说："论至德者不和于俗，成大功者不谋于众。"通俗地讲，就是谋求特别重大的事情，不必与平常人商量。因为谋求大事的人，自己必定有非同一般的眼光、心胸与气度。如果别人见识低下，心胸狭小，必定不理解你的思想，反而会动摇你的意志，降低做事效率。

10

故事：刘邦和项羽的不同

在一次巡军途中，刘邦问道："我与项王有什么区别？"

韩信说："项王对待长辈谦虚恭敬，对待弱者仁心慈爱，对待病者体恤关照。项王对待立功的兵将舍不得赏赐，对待勇武的壮士不给予提拔。因此，英雄豪杰最终都离他而去。"

陈平说："大王豪爽，项王谦逊有礼。"刘邦又问："那你为什么离开项王而归顺我？"陈平回答："对于有功之人，大王很舍得恩赐，愿意分享利益，但是项王却很少封赏。"

正因为项羽不愿意与有功之臣分享天下的利益，也就没有多少人愿意追随他，最终就是一个"独利则败"的结局，而刘邦则把自己的所得利益与部下一起共享，得了天下。

项羽和刘邦都是秦朝末年的英雄，都拥有较强的实力，但是项羽为人吝惜，不变通；而刘邦较豪爽，圆滑，学习能力强，善于听取意见，最终时势造英雄：项羽乌江自刎，而刘邦当了皇帝。

11

故事：非六十万人不可

公元前 224 年，秦王嬴政召集群臣一起商议灭楚大计。

大将王翦认为要想灭掉楚国十分的不容易，非六十万人不可。当时朝臣大多数都认为他夸大其词，或认为他意图拥兵居心叵测，而李信说在他看来"不过二十万人"便可打败楚国。秦王大喜，认为王翦年老不堪用，便派李信和蒙恬率军二十万，南下伐楚。这个时候的王翦称自己有病，辞去朝中事务，回归故里。

李信领兵攻打楚国，开始都是打胜仗，但越是深入楚国，越是困惑。楚国面临秦国的大军，故意示弱，而且还且战且退，保留着精锐的部队从后边开始突袭。结果李信落得惨败而归。秦王嬴政听到失败的消息，非常震怒，也后悔自己的举动，亲自到王翦的家乡请老将出征。后来王翦再次率军六十万出征，灭楚大获全胜。

把楚国的国门攻破很容易，可要想把楚国那么大的地盘据为己有就很难了。这六十万士兵中，王翦真正用来打仗攻城的也就二十万左右，剩下的士兵全都用来占领楚国地盘，防止楚国的反扑。可想，我们不能只看眼前，目光一定要长远才行。

12

故事：晏子改过

春秋时期，齐相晏子出使晋国，在路上看见一个人头戴破帽子，反穿皮袄，身背饲草，正坐在路边休息。

晏子和他聊了几句话，知道他叫越石父，是一位有修养的君子，为了度过生活的困境，在给别人做奴仆。晏子立即把一匹驾车的良马解下来，赎回越石父，并把他带到齐国。

回到相府，晏子没跟越石父告辞就进了自己的房门。越石父很生气，要求与晏子断绝关系。晏子派人对越石父说："你当了三年奴仆，我今天看见了才把你赎买回来，我对待你还算可以吧？你怎么可以恩将仇报，说什么绝交？"

越石父回答说："我听说，士人在不是知己的人面前蒙受委屈，在知己面前扬眉吐气，所以君子不因为自己对人有功就轻薄人。我曾做了别人三年奴仆，那些人不是我的知己，现在你赎出了我，我把你当成知己。先前您坐车，不同我打招呼，我以为是你一时疏忽。现在您又不向我告辞就直接入屋门，这与把我看作奴仆是一样的。你不能对我以礼相待，我还不如去做别人的奴仆。"

晏子听到越石父的这番话后，立马设宴，以尊贵的朋友之礼招待他。

预则立 速不达
自修齐 上治平

有声诵读

扫一扫　听讲名师家训

译文...

无论做什么事，要未雨绸缪，事先在各方面做好充分的准备，才能有成功的基础。企者不立，跨者不行，不积跬步，无以至千里。人求上进，务必脚踏实地，循序渐进，端正好态度，才能修养品性；品性好后，才能管理好自己的家庭和家族；家庭家族管理好了，才能治理好国家；国家治理好了，天下才能太平。

释义...

"修身、齐家、治国、平天下"为儒家经典思想，出自《礼记·大学》。这句话以递进的方式，概括了修身与社会和谐之间的关系，由修身到齐家、治国、平天下，这是一个具有内在逻辑联系的过程。社会要取得大同与和顺，人们就必须自觉修身。

导读...

　　"内圣外王"是儒家学说的概括。《大学》中提出的"格物、致知、诚意、正心、修身"属内圣范畴,内圣即通过修养成为圣贤的一门学问。"齐家、治国、平天下"属外王范畴,外王即是在内心修养的基础上通过社会活动推行王道,创造和谐社会、大同世界的一门学问。

　　长期以来,由于社会大众对儒家文化的误解,使儒家文化被插上了腐朽、保守、专制的标签,还有不少人觉得儒家文化是封建迷信,是统治阶级奴化百姓的思想工具,是中华民族愚昧落后的根源。不可否认,有很多人崇尚西方文明,对中华传统文化是视如敝屣的。但放眼中国历史,传统文化源远流长,汉、唐、宋、明、清每一个朝代都出现过当时世界独尊一极、万国来朝的盛世之况,那么传统文化到底是民族愚昧落后的根源,还是民族强盛的智慧?这样的误解是因为不明白传统文化的核心或者根本不了解传统文化。事实上,历史上每一个王朝的覆灭,都是因为彻底丧失了道德造成的,而传统文化的核心就是"道德"二字。

　　随着中国经济实力和综合国力的增强,文化和软实力建设逐渐上升为中国的国家战略。继承中华优秀传统文化,建立强大的"文化自觉、文化自信和文化自强",儒家文化的博大精深是中华民族的宝贵遗产,我们要批判地继承加以吸收,并与社会实践相结合使其发扬光大。

　　"修身、齐家、治国、平天下"原本是写给士大夫阶层甚至是君主的,激励人生、成就人生的追求境界。修身就是使自己具备足够的才华和美德;齐家就是管理好一个家族、成为宗族的楷模,效仿学习的样板;治国就是辅佐君主治理好国家;平天下就是要布仁政于天下,使百姓能够丰衣足食、安居乐业。事过境迁,封建社会虽早已化为历史的烟尘,但这句名言在中国历史上不知道激励和引导了多少俊杰成就了英雄伟业。

13

故事：临渴掘井

春秋时，鲁昭公被逐出国，逃亡到齐国。齐景公对他说："你正是年轻有为的时候，是什么原因把国君的位置都丢了？"

鲁昭公说："早些时候，人们都对我很好，有很多人经常鼓励我，而我没有亲近他们，也有很多人经常劝诫我，而我也没有听信他们。因此，我慢慢地便内无心腹、外无群众，真正爱护我的人一个也没有，奉承我、欺骗我的人反倒很多。这样，我就好比秋天的蓬，表面枝叶似乎还很好看，其实根茎都已枯萎，秋风一起，于是连根拔掉了。"

齐景公听了，觉得很有道理，便把这番话转告晏子，并且认为：要是现在有可能让昭公回鲁国去，他应该可以成为一个贤明的国君。但晏子并不这样认为，他说："失足落水的人，多半因为事先没有探明河水的情况，迷路的人也多半因事先没有问清路径，等到他溺水以后才去探水，迷路以后才来问路，不是已经晚了吗？这好比已经兵临城下了，才急着去铸造兵器，口渴了才急着挖井取水，都已经太迟了。"

可见，凡事要未雨绸缪，事先做好防患，才能有备无患。

14

故事：揠苗助长

宋国有一个农夫，希望自己田里的禾苗长得快点，就天天到田边去看。可是，一天、两天、三天，禾苗好像一点也没有长高。他就在田边焦急地转来转去，自言自语地说："我得想个办法帮他们长。"

一天，他终于想到了办法，就急忙跑到田里，把禾苗一棵一棵往高拔。从中午一直忙到太阳落山，弄得筋疲力尽。农夫兴冲冲回家，告诉家里人说："我今天想到一个好点子，让咱们田里的稻苗长高了不少。"他儿子半信半疑跑到田里去看，发现稻苗是长高了，但是却一棵棵都枯萎了。

这就是成语"揠苗助长"的来源，出自《孟子·公孙丑上》。比喻不管事物的发展规律，强求速成，反而把事情弄糟。也作"拔苗助长"。

春天播种，秋天收获，凡事欲速则不达，要遵循客观事物的发展规律，纯靠良好的愿望和热情是不够的，很可能效果还会与主观愿望相反。特别是揠苗助长式的教育，是对学生个性的一种摧残。

故事：三不朽

《左传》有言："太上有立德，其次有立功，其次有立言，虽久不废，此之谓三不朽。"纵观中华上下五千年，能符合"三不朽"标准而被世人所公认的只有三人。其中之一就是明代思想家、军事家，心学集大成者王阳明。

王阳明曾两次前往九华山，寻师问道，阐明心性。第一次他向一个叫蔡蓬头的道士请教："什么是道？"蔡道士只说了一句"终不忘官相"后，就一笑而别。第二次又去拜访地藏洞的高僧，高僧也只说了一句："周濂溪是儒家的好秀才。"转身而去。其实，这也是两位高人从另一个角度对王阳明的评价。蔡蓬头说王阳明"终不忘官相"，这实际上点出了当时的王阳明在心中依然还怀有通过儒学的经世济用之功以实现伟大理想的企望和追求。而周濂溪笔下的"出淤泥而不染，濯清涟而不妖"名句，对王阳明更是影响巨大。九华山归来，王阳明时刻不忘提升自我，一面完善德行，一面为国尽忠，终成一代圣人。他立德致良知，立功平定宁王叛乱，立言《传习录》，集立德、立功、立言于一身而成为"三不朽"。

静致远　动神疲
知人智　自知明

有声诵读

扫一扫　　听名师　讲家训

译文

静可生定，定能发慧，内心如果浮躁，精神就会疲惫迷乱，无论是选择方向或做具体事情都容易出差错；了解认识别人是聪明，能内观自己，认识自身短处与长处才是高明，只有心境平静沉稳、知己知彼，才能运筹帷幄，决胜千里。

释义

诸葛亮写给他八岁儿子诸葛瞻的《诫子书》："非淡泊无以明志，非宁静无以致远。"他教育自己的儿子，要把眼前的名利看得轻淡，才会有明确的志向，只有平静的学习，才能实现远大的目标。老子说："知人者智，自知者明。"就是说能清醒地认识自己、对待自己，这才是最聪明的，最难能可贵的。

《金刚经》所说:"一切圣贤皆以无为法而有差别。"同样是圣人,对人生和宇宙的道理都有所领悟,但悟的境界不同,认识就不一样,也就很难有所交流。

我们用明亮的眼睛看别人,看外部世界,试图把这个世界看得清清楚楚,明明白白,然而一千个人看世界就有一千种感受,因为不同认知层次的人,看世界的角度就不一样,如果我们要到外部世界去寻找答案,那也会是五花八门,无穷无尽。

我们总是对外在的人与事深感兴趣,却很少往内在检验自己,因此我们对自己始终所知甚少。"见贤思齐焉,见不贤而内自省也",这一直是中国人德行修养的标准之一,是自我省察、自我意识能动性的表现。

只有我们对自身有足够的认识,能够检验我们的身心结构、我们的行为、我们自身的实相,才可以自我修缮,自我进步。

世上大多数人缺少的便是这种"自知之明",自己有了一些小的放纵,便不放在心上,总觉得遇到大事了自己就会坚持原则,知道怎么处理。可惜真正遇到大事的时候,他们的原则、尺度早就被腐蚀,不知丢到哪里去了。于是,小过酿成大过,一失足成千古恨,在犯错的道路上一下子滑入深渊,再也不能回头。

了解别人容易,了解自己难,明智的君子既要了解别人、爱护别人,又要了解自己、爱护自己。只有经常诚心反省自己的能力,才能清晰地了解自己能做什么,可以做什么,这样就不会妄自菲薄,也不会盲目自大,不自量力了。

16

故事：不为五斗米折腰

陶渊明是中国古代著名的文学家，最早的田园诗人，他不仅诗文非常有名，而且还淡泊名利，不肯趋炎附势。

陶渊明为了养家糊口，来到离家乡不远的彭泽当县令。这年冬天，他的上司派来一名官员来视察，这官员是一个粗俗而又傲慢的人，他一到彭泽县的地界，就派人叫县令来拜见他。

陶渊明得到消息，虽然心里对这种假借上司名义发号施令的人很瞧不起，但也只得马上动身。不料县吏拦住陶渊明说："参见这位官员要十分注意小节，衣服要穿得整齐，态度要谦恭，不然的话，他会在上司面前说你的坏话。"

一向正直清高的陶渊明再也忍不住了，他长叹一声说："我宁肯饿死，也不能因为五斗米的官饷，向这种人折腰。"他马上写了一封辞职信，离开只当了八十多天的县令职位，从此再也没有做过官。

从此，官场中少了一位官僚，文坛上多了一位文学家。真所谓，君子的行为操守，不恬静寡欲无法明确志向，不排除外来干扰无法达到远大目标。

17

故事：火烧新野

　　曹操亲自率领大军兵伐新野，驻扎在新野的刘备十分危险，为了能全身而退，刘备按照诸葛亮的计谋，主动放弃了新野，到樊城以避曹军。

　　曹操的部将曹仁领兵到了新野，见城门打开，城中无人，便带领队伍进城中驻扎，轻易就占领了新野。到了半夜的时候，城内被火烧了起来，曹仁的兵将们衣冠不整，寻路奔逃，军士自相践踏，死者无数。他们听说新野东门没有起火，就一窝蜂地向东门方向跑去，却没有想到等他们气喘吁吁地跑到东门时，刘备的军队已经在城门口击战围堵，曹仁的兵将们只顾着各自逃命，没有人愿意去迎敌厮杀，结果大败逃出新野。

　　"火烧新野"奠定了诸葛亮在刘备军队的地位，显示了诸葛亮在军事方面的才能。"火烧新野"是一场军事战役，也是一场心理战役，诸葛亮正是因为对曹仁比较莽撞的性格十分了解，才能获此大胜，也就是"知己知彼，百战不殆"。

18

故事：邹忌比美

齐威王的相国邹忌体格魁梧，长得相貌堂堂，非常俊美。与邹忌同住一城的徐公也长得一表人才，是齐国有名的美男子。

一天早晨，邹忌起床后，穿好衣服，戴好帽子，在镜子面前仔细端详全身的装束和自己的模样。他问妻子说："我与同城的徐公相比，哪个更俊美？"他妻子回答说："您这么俊美，徐公哪能比得上您呢？"邹忌不相信妻子的话，又去问他的小妾："我与徐公比起来，哪个俊美？"小妾也说："徐公怎么能比得上您呢？"后来，有位客人来访，邹忌与客人坐在一起交谈时，又问客人说："我与徐公相比，谁俊美？"客人肯定地说："徐公不如你俊美！"可是在一次宴会上，邹忌偶然见到了徐公，发现徐公气宇轩昂，比自己俊美很多。

晚上，邹忌躺在床上，反复地思考着这件事。既然自己长得不如徐公，为什么妻、妾和那个客人却都说自己比徐公漂亮呢？想到最后，他总算找到了问题的结论。"原来这些人都是在恭维我啊！妻子说我美，是因为偏爱我；妾说我美，是因为害怕我；客人说我美，是因为有求于我。看起来，我是受了身边人的恭维赞扬而认不清真正的自我了。"

满 招 损　谦 受 益
福 祸 依　处 泰 然

有声诵读

扫一扫　　听名师讲家训

译文...

　　月满则亏,水满则溢,自满骄傲的人会招来损害,谦虚慎行的人会受到益处;祸患是平时作恶多端的结果,福运是平常乐善好施的回报,福与祸并不是绝对的,它们相互依存,时运转化,坏事可以引出好的结果,好事也可以引出坏的结果,进而遇事戒骄戒躁,谨言慎行,保持平常心泰然处之。

释义...

　　"满招损,谦受益",这话出自《尚书·大禹谟》,它的意思是:自满会招来损害,谦虚才能使人进步。它点明了自满和谦虚的弊与利。"祸兮福之所依,福兮祸之所伏",这话出自《老子》。它的意思是:祸与福互相依存,可以互相转化。比喻坏事可以引出好的结果,好事也可以引出坏的结果。这话和典故"塞翁失马,焉知非福"的意思相同。

导读...

一人去寺庙参拜观音菩萨。几叩首后,这人突然发现身边有一人也在参拜,且模样与供台上的观音菩萨一模一样。此人大惑不解,轻声问道:"您是观音菩萨吗?"那人答:"是。"此人更加迷惑,又问:"那您自己为什么还要参拜呢?"观音菩萨答:"因为我知道,求人不如求己。"

这正是:求人不如求己,佛不渡人人自渡。这世上,从来就没有免费的午餐,也没有唾手可得的果实和一劳永逸的成就;我们只能一步一个脚印地去实践,历经风雨的洗礼,接受重重考验,才能得到你想要的一切;想要出人头地,求人不如求己。

无论精神还是物质,都不要太依赖别人,别人能给你的,就一定能拿走,只有自己的,才真的是自己的。如果做什么事都去依赖别人,久而久之,你就会忘记自己是谁。

世上没有不弯的路,人间没有不谢的花,我们一生能力有限,但是努力无限。努力做一个善良的人,做一个心态阳光的人,做一个积极向上的人,用正能量激发自己,你阳光,世界也会因你而精彩。

六祖惠能禅师说:"一切福田,不离方寸,从心而觅,感无不通。"这句话的意思是:世间的一切功德福报其实都离不开自己的内心,只有净化我们的内心,断恶修善,在内心中找到真正的善念,就没有什么事能难倒自我。人只要从内心自求,力行仁义道德,自然能够赢得他人的尊重,而引来身外的功名富贵。福祸本来也不会偏爱谁,全部都是个人自己找的。想有福,就多行善;想有财,就刻苦经营;想升官,就为民着想。作为一个人,若不知反躬内省,从心而求,而只好高骛远,祈求身外名利,就算用尽心机,也是两头落空。

修行先修心,渡人先渡己,调整好自己的心态,人生才会处处是精彩。

19

故事：骄兵必败

曹操接连消灭了袁绍、吕布等割据势力，平定了北方，壮大了自己的力量，从而内心开始飘飘然起来。他带领着百万大军一路高奏凯歌攻打荆州，为一统天下做最后的准备。

曹操的大军到了荆州以后，荆州之主刘琮立刻就投降了，这让曹操很意外，不费一兵一卒就能够夺取荆州，便不由得有些骄傲轻敌，打算一鼓作气攻下江东。这时，贾诩劝曹操不要急着进攻江东，应该先安抚荆州的百姓，然后再图江东。曹操从心眼里瞧不起孙权，他想着刘琮手下也有十多万人马，而且都是荆州的精锐部队，仗还没开打就举手投降了。于是曹操认为孙刘联军也会不堪一击，就没有采纳贾诩的建议，开始对东吴发起了进攻。

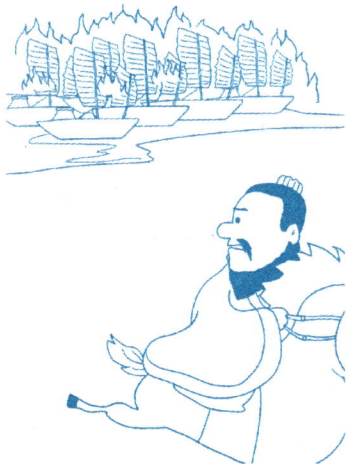

曹操被胜利冲昏了头脑，他率领大军来到长江后，根本不把孙刘联军放在眼里，在战斗之前就已经开始盘算胜利后在江东如何享乐，没有像以前官渡之战那样细心研究战略战术，也没有派人到江东去探听军情，反而求胜心切，疏于防范，没有及时识破黄盖投降和庞统来献"连环计"的计谋，结果被诸葛亮草船借箭火烧赤壁，以少胜多大破曹军。

满招损 谦受益 福祸依 处泰然

20

故事：谦虚的诗人

　　唐代著名诗人白居易，他写的诗最大的特点是通俗易懂，同时优美精炼，这与他从小养成谦虚的品德是分不开的。

　　相传白居易每写一首诗，总是先念给牧童或老妇人听，然后反复修改，直到他们听了拍手称好，才算定稿。有一次，他把自己刚刚写的一首诗念给树下乘凉休息的老妇人听，可是老妇人听了半天也没有听懂他念的是什么。他心里很难过，老妇人安慰他说："我读的书少，没有什么文化，听不明白是正常的，没有关系，你对这首诗自己满意就行了。"但是，白居易没有这样想，他觉得自己写的诗别人都听不懂，那还算什么诗。

　　于是，他回家伏案修改，每修改一次就找到老妇人念给她听，一次不行，他改两次，两次不行，就改三次，他乐此不疲反反复复地修改，一直到老妇人能完全听懂为止。像白居易这样著名的诗人，并不因牧童和村妇的无知而轻视他们，反而虚心求教，这才使他的诗通俗易懂，在民间广为流传，为后人所称颂。

　　可见，正是这种谦虚的美德，让白居易写出了那么多让人听得懂的好诗。

21
故事：塞翁失马

靠近边塞的地方，住着一位精通术数的老翁。一次，他的马无缘无故跑到了胡人的住地。人们都为此来宽慰他。那老人却说："这怎么就不是一种福气呢？"过了几个月，那匹失马带着胡人的许多匹良驹回来了。人们都前来祝贺他。那老人又说："这怎么就不是一种灾祸呢？"塞翁家中有了好马，他的儿子爱好骑马，结果从马上掉下来摔断了腿。人们都前来慰问他。那老人说："这怎么就不是一件好事呢？"过了一年，胡人大举入侵边塞，健壮男子都被征兵去作战。边塞附近的人，死亡众多。唯有塞翁的儿子因为腿瘸的缘故免于征战，父子俩一同保全了性命。

这个成语"塞翁失马"，通过一个循环往复极富戏剧性的故事，阐述了祸与福的对立统一关系，揭示了"祸兮福所倚，福兮祸所伏"的道理。如果单从哲学角度去看，这则寓言启发人们用发展的眼光辩证地去看待问题：身处逆境不消沉，树立"柳暗花明"的乐观信念；身处顺境不迷醉，保持"死于安乐"的忧患意识。

所以，无论遇到福还是祸，要调整自己的心态，要超越时间和空间去观察问题，要考虑到事物有可能出现的极端变化。

曲 为 聪　变 则 通
少 亦 得　多 亦 惑

有声诵读

扫一扫　　听名师讲家训

译文...

水曲流长,路曲通天,人曲顺道,弯曲反而可以保全,委屈反而可以伸直。一味蛮干,只能适得其反,变换一种迂回的思路反而会变得周全通达,能屈能伸是变通的智慧;拥有的少,专一的事物少,便会倍加珍惜和专注,进而有所得;可选择或者可拥有的事物过多,迷惑在内心就越发变大,进而有所失。

释义...

曲则全,枉则直,语出《老子》二十二章。这种辩证法思想,在军事上多体现为以退为攻、以进为守的战术运用,上文故事《围魏救赵》,则蕴含曲则全的智慧。

《易经》说:"刚柔者,立本者也;变通者,趣时者也。"这话的意思是,我们在处理各种事务时都要能够做到随机应变,因势利导,不墨守成规,不拘泥于一格,从而达到变则通、通则灵、灵则达、达则成的理想效果。

变通是一种处世的策略,要随着外界的变化而变化,只有这样,人才能够与周围环境保持和谐一致,使人生之路畅通无阻。我们经常说"权宜之计",就是变通一下,换个角度去想,换个思路去做。一个人坚持容易,变通难。但是一定要先有坚持,如果没有坚持,直接就变通,那是没有原则。坚持原则之后还能通权达变,那就是一个很高的境界了。

人生不可能一直很顺畅,道路的曲直,获得的多少,其实一直是对立而又统一的存在着。所谓"月满则亏""水满则溢",就是这个道理。而"大路朝天""曲径通幽",又是人生的常态。特别是在获得感方面,曲与直,变与不变,多与少,归根结底是一对矛盾的概念。有时,少即是多,这种现代极简主义的美学追求,运用到生活当中也是很有必要的。当一切去除多余繁杂的装饰,"少而精"的功能性设计才是我们所能用到的。有时,极其简洁的信息,传达着更丰富的内涵。思前虑后,犹豫不决,这样的日子只会越过越糊涂。

我们在面临不能发展的局面时,必须改变现状进行变革,从而与时俱进。变革文化在我国源远流长,无论是商鞅变法、王安石变法,还是现如今的改革开放,其实都是在践行《易经》"穷则变,变则通,通则久"的指导思想。这也概括了自然变化的一个基本特征,即万事万物发展到一定阶段,会遇到瓶颈,原先曾经有利的条件也会成为进一步发展的障碍。这时要主动调整、主动变化,在调整和变化中寻求到新的发展路径,通过不断地动态调整,以保证工作、事业能够稳定持续地发展。现如今的改革开放是中国传统文化的传承与发展,中华民族也会在改革开放的浪潮中迎来新的辉煌。

22

故事：胯下之辱

韩信从小便失去了父母，生活困苦，屡屡遭到周围人的歧视和冷遇。

一次，有个屠夫带着一群恶人当众羞辱韩信说："你虽然长得高大，喜欢带刀佩剑，其实你胆子小得很。有本事的话，你敢用你的佩剑来刺我吗？如果不敢，就从我的胯下爬过去。"韩信自知形只影单，硬拼肯定吃亏，就当着围观人的面，不顾他们的嘲笑，强忍满腔怒气，委曲求全从那个屠夫的胯下钻了过去。于是，集市上的人都讥笑他，以为韩信的胆子真的很小。而韩信站起身来，拍拍身上的尘土，从容地走开了。

后来，韩信随刘邦击败项羽平定天下，在封侯之后回到家乡，遇到那个曾经侮辱过他的屠夫。屠夫很害怕，以为韩信会杀他报仇，没想到韩信却封他为护卫军，他对屠夫说，没有当年的"胯下之辱"就没有今天的韩信。

小不忍则乱大谋，成大事者，必须忍受得住眼前的屈辱，审时度势，能屈能伸。

23

故事：晏子智救烛邹

齐景公喜欢养鸟。有一次，他捕到了一只漂亮的鸟，就命令烛邹看管那只鸟，不慎鸟飞走了，齐景公生气要亲手杀烛邹。

如果是一般人要帮烛邹免于杀身之祸，肯定是到齐景公面前帮烛邹求得宽恕。但是，这不一定有效。毕竟"君子一言，驷马难追"，齐景公把话都说出去了，收回的可能性不大。但晏子救人的方式不一样，他说："烛邹有三条罪行，我要说出来让他死得瞑目。"于是晏子在齐景公面前列数烛邹的罪行："其一，你让大王的鸟逃跑了；其二，你惹得大王为一只鸟杀人；其三，让诸侯听说这件事，认为我们的君王是看重鸟而轻视人才。罪状列完了，请君王杀掉他。"

齐景公听完，知道晏子暗示的道理，便赦免了烛邹。

故事揭露了当时的帝王统治者重鸟轻人的残暴本质，说明了人与人之间交流需要掌握适当的技巧，在劝诫指正别人时做到趋利避害，就会有事半功倍的效果。

晏子只是说的话不一样，而产生的效果也就截然不同。

24

故事：一锭金元宝

有个富甲一方的商人，虽然请了账房先生，但是他还是不放心，每到晚上总要亲自复计至深夜，这样劳累很烦恼。他家隔壁有个卖烧饼的穷人家，每天早出晚归，夫妻俩虽然劳苦却是有说有笑，生活得挺快乐。

一天，商人的老婆说："我们夜夜为这些钱财烦劳，还不如隔壁卖烧饼的夫妇好，他们虽穷却活得快乐。"商人听后便说："我明天就叫他俩笑不出来。"于是他拿了一锭金元宝，丢过墙去。那两夫妻发现地上有金元宝，悄悄地捡起来，紧张得不敢言笑，心情为之大变。心想，天上掉下金元宝，不能让别人知道，于是藏放在枕头下、米缸里都不放心，直到天亮，烧饼没做，金元宝也没藏好。第二天，夫妻商议，不卖烧饼了，买房宅过幸福的日子，可是又怕一下子发财，会被人误会是偷来的。他们开始迷惑，一直吃睡不安稳，从此再也没有以前的欢声笑语。

可见，少一物少被一物所困，多一物多受一物所累，人生就是这样困惑。只有选择从一，学会放下，才能快乐起来，人的事业才能走得更远。

不物喜 勿己悲
无所得 无挂碍

有声诵读

扫一扫  听讲名家师训

译文...

不因一时的成功或外物的丰富、个人的获得而骄傲狂喜,也不因一时的失败或外物的丢失、个人的失意潦倒而悲伤。不要追求每一次的付出都必须有回报,保持一种淡然的心态,悟到无所得的境界,心就不会有牵挂。

释义...

"不以物喜,不以己悲"出自北宋文学家范仲淹的名著《岳阳楼记》,意思是不因外物的好坏和自己的得失而或喜或悲,凡事都以一颗平常心看待,不怨天尤人,保持积极乐观的心态,从而引申出作者"忧乐天下"的儒家之志。"挂碍"出自《心经》,"挂"即牵挂;"碍"即妨碍。意思为由于物欲牵挂妨碍,所以不得自在。

导读...

这个世界上所有的事情，看上去总是有得必有失。其实，得失和悲喜都在一念之间。无论外界或自我有何种起伏喜悲，只要拥有一种豁达淡然的心态，失便是得，悲便可化为喜。这是一种思想境界，也是修身的要求。生命中的许多东西可遇不可求，刻意强求的得不到，而不曾被期待的往往会不期而至。倘若患得患失，瞻前顾后，不知道取舍，焦虑会跟着如影随形，那么终究是一事无成。因此，要拥有一颗安闲自在的心，懂得克制欲望，顺其自然，不躁进，不悲观，退却时理智，谦让时大度，自己的天地才会壮阔辽远。

人们常说，心若年轻，即使经历坎坷，人生与天地不老；心若老去，就算经历平静，人生已步入荒年。我们一般不是因为行走得太快，而是计较得太多，背负得太重，所以感觉很累。人生不是渐渐地变老，而是随心瞬间就老了。心有多苦，路知道，不必常挂嘴边。心若已死，万事齐黯，心若继续，则路不尽。

生活，不会因你抱怨而改变。人生，不会因你惆怅而变化。你怨或不怨，生活一样。你愁或不愁，人生不变。抱怨多了，愁的是自己，惆怅多了，苦的还是自己。年轻的时候，不懂得"得"；中年的时候，舍不得"失"。只有到了暮年，才知道有些东西，当你完全拥有时，才觉索然无味；有些东西，当你永远失去时，方知珍贵无比。痛苦伴随欢乐，健康与疾病并行。如同有朝阳的升起，就有夕阳的落下；有天上的月圆月缺，人间就注定会有阴晴得失。

人生在世，纷纷扰扰，起起落落。聚散离合，忧患得失，全是一念之间。心小，事就大；心大，事就小；大事难事看担当，有得有失看智慧。胸襟的宽窄，能决定命运的格局。少些攀比计较，多些随缘自适，这样我们的心就能保持如初不动，人生方可行云流水，生活才能如意吉祥。

25

故事:雄才多磨难

苏轼,北宋著名文学家、书法家、画家。他一生充满了坎坷,仕途异常曲折,虽有宰相之才,却无首辅之运,虽才高八斗,却总不得重用,经常被他的政敌们抓住把柄,大做文章,害得苏轼在将近四十年的官宦生涯中,有三分之一的时间是在贬谪中度过的。

苏轼一生为官,曾出任过杭州、徐州、杨州等地方太守,也出任过兵部尚书、礼部尚书等朝廷命官,最后却在62岁高龄去海南做官。以苏轼当时的官宦经历和文坛盛名,贬到海南这么偏远的地方,出任如此位卑的小职,是一种耻辱,但他却不以为然,到海南既豪迈又洒脱,只是告诉他的儿子,海南的牡蛎很好吃,叫自己的儿子不要告诉叔叔伯伯,怕他们来抢。苏轼的一生就是在这样的落魄不定和怀才不遇中度过的,可他的成就又是非凡无比的。

苏轼为官多次被贬,但其豪放的性格和豁达淡然的胸襟都让他把挫折征服,使自己的成就不断地达到高峰。他在被贬之地还培养出很多后代的饱学之士,并有《东坡七集》《东坡易传》《东坡乐府》等传世,成为"唐宋八大家"之一。

26

故事：六尺巷

　　位于安徽省桐城市的西南一隅，有一条叫"六尺巷"的巷子非常有名，巷道两端立石牌坊，牌坊上刻着"礼让"二字。据说，这巷名的来历与曾住巷南的清朝大学士张英有关。

　　清朝康熙年间，张英的老家人与邻居吴家在宅基的问题上发生了争执，因两家宅地都是祖上基业，时间又久远，对于宅界谁也不肯相让。双方将官司打到县衙，又因双方都是官位显赫的名门望族，县官也不敢轻易了断。于是张家人千里传书到京城求救。张英收书后批诗一首："千里修书只为墙，让他三尺又何妨。万里长城今犹在，不见当年秦始皇。"张家人豁然开朗，退让了三尺。吴家见状深受感动，也让出三尺，形成了一个六尺宽的巷子，"六尺巷"由此得名。

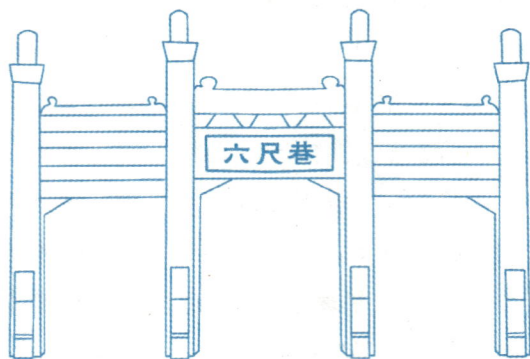

六尺巷

　　"六尺巷"的"宽"无疑不是宽在"六尺"上，而是"宽"在人们的心灵中，街坊邻里常相敬，一段佳话永流芳。做人就应该如此，不要太过于斤斤计较，张英"礼让"六尺宅地，却得到至今人人都传颂的美名。

27

故事：楚王失弓

有人向楚恭王进献了一把好弓，贵重又好用，鸟兽们见了都会吓得直叫，楚恭王特别喜欢，把这弓视为自己的心爱之物。

有一次楚恭王出游狩猎，回来的时候发现弓给弄丢了。他左右的侍从准备去把弓找回来。楚恭王说："失弓的是楚国人，得弓的也是楚国人，何必去寻找弓呢？"

这件事在两方面显示楚王宽广的胸襟：一方面，楚王不介意失去弓，愿意让另一个楚国人得弓；另一方面，他虽是君王，却不介意让一个臣民得弓，视君王与臣民都是平等的"楚人"。

孔子却认为楚王的心胸还不够宽广，他说："失弓的是人，得弓的也是人，何必计较是不是楚国人得弓呢？"在孔子的心目中，每个人与天下的任何人一样，都是平等的"人"。

今人张远山对此的评价非常恰如其分：楚王是一个民族主义者，达到了伦理的道德境界；孔子是一个世界主义者，达到了哲学的自由境界。

人生，必然是有所失才能有所得。有小失才能有大得。

实 无 相　五 蕴 空
知 足 乐　知 止 安

有声诵读

扫一扫　听名师　讲家训

译文...

实相无相，相由心生。人心会被外部世界的表象所迷惑而随之波动。我们通过看、听、嗅、尝、触、想，所感知的大千世界生灭现象其实都是空的，所以人生勿执迷于表象，懂得满足就会快乐，知道适可而止，放下便是福安。

释义...

五蕴是佛教术语，分别是色蕴、受蕴、想蕴、行蕴、识蕴五种，除了色蕴是属物质性的事物现象之外，其余四蕴都属五蕴里的精神现象。"知足乐"则出自《老子》："祸莫大于不知足，咎莫大于欲得，故知足之足，常足矣。"意思是人要知道满足，才能生活得快乐。

导读...

我们通过自己的感知去认识世界,随着世界的现象而产生情绪,不同的情绪又会影响到不同的行为。人们眼中景物的美丑,与人们心情的好坏有很大的关系。所谓"境由心造",就是这样的道理。

从生到死,呼吸之间;从迷到悟,一念之间;心态的变化可以把逆境转成顺境,所谓坏事变好事,就是要顺应规律,调整好心态,人就能事半功倍,能做到这样的人当然是圣贤。心随境转,则是心态随着环境的变化而变化,喜怒哀乐受着环境的控制,这样的人就是一般的凡夫俗子了。因此,我们不要被世界表象所迷惑,要懂得看破,知道放下。

我们品茶就像品人生。茶不过两种姿态,浮与沉;饮茶人同样两种姿势,拿起与放下。沉时坦然,浮时淡然,拿得起也需要放得下。人生如茶,苦极回甘。温水泡不出好茶叶,温室养不出好儿女,茶的品质再好,水温不够也不出香味。人生,只有像茶叶一样,在人世间反复历练,在沸水中反复翻滚,把内在的潜质激发出来,把每一次的跌倒,都视为一种成长;把每一次地放下,都视为一种新的担当,才能在浮沉时品味出茶叶清香,在举放间彰显出人生姿态。

情商,不是左右逢源的世故,而是修行到家后的虚心、包容、智慧和格局。成熟,不是由单纯到复杂的圆滑,而是由复杂回归简单的超然。觉悟,不是对所有世事的无所谓,而是对无能为力之事的坦然接受。成功,不是追求别人眼中的最好,而是把自己能做的事情做到更好。

人生之路,得靠自己一步步来走。真正能保护你的,是你自己的选择。那么反过来,真正能伤害你的,也是自己的选择。

28

故事：色即是空

一次，唐代高僧洞山禅师问云居禅师："你爱色吗？"

云居正在用竹箩筛豌豆，听了洞山这样问，吓了一跳，箩里的豆子也洒了出来，滚到洞山的脚下。洞山笑着弯下腰，把豌豆一粒一粒地拣了起来。

云居禅师耳边依然回想着洞山禅师刚才说的话，他不知道该怎么回答，这个问题实在是没有办法回答。

云居禅师放下竹箩，心中还在翻腾，向洞山反问道："你爱女色吗？当你面对诱惑的时候，你能从容应对吗？"

洞山哈哈大笑地说："我早就想到你要这样问了！我看她们只不过是美丽的外表掩饰下的臭皮囊而已。你问我爱不爱，爱与不爱又有什么关系呢？只要心中有自己坚定的想法就行了，何必要在乎别人怎么想！"

其实，佛教的"色即是空，空即是色"，色非女色男色，空也非虚无乌有。色即是空，是指让人们认识到事物的现象，认识到诸多的苦和烦恼都是虚妄产生的。古人云："世上本无事，庸人自扰之。"讲的就是同一个道理。很多烦恼，都是由于自己的贪欲太重、杂念太多，常常将一手好牌打得稀烂。

29

故事：清福

明朝胡九韶，他家境平凡，一边教书，一边耕作，仅仅可以衣食温饱。然而每天他都要感谢上天赐给他一天的清福。

妻子笑他说："我们一天三餐都是菜粥，怎么谈得上是清福？"胡九韶回答妻子："我首先很庆幸生在太平盛世，没有战争兵祸；第二庆幸我们全家人都能有饭吃，有衣穿，不至于挨饿受冻；第三庆幸的是家里床上没有病人，监狱中没有囚犯，这不是清福是什么！"

胡九韶的这种乐观主义精神、知足安乐的感恩心态，确实值得我们学习和借鉴。他分析清福，从大环境联系到小环境，从国到家，从家到个人，一环扣着一环。可见，享清福，决不能仅仅着眼于一人、一家，而要放眼大家、众家。有了国家的安定，众家的和谐，才有各家人享受到的清福。但知足不代表没有上进心，知足常乐是一种心态，是调节我们心中烦恼的一种方式。没有谁的生活里都是幸福，没有烦恼，但是看淡一点，烦恼就少一点，看开一点，幸福就多一点。

30

故事：水能载舟，亦能覆舟

秦朝的基本制度是以耕战立国，力求将全国所有的资源都供应到军事上，这在六国纷争之时非常有效，但却不适合于统一后的长期发展。尤其是秦朝在统一后并不懂得节制，反而大兴土木，修建阿房宫、长城、秦皇陵等耗费巨大的工程，每年征发二百万劳力，导致青壮劳力脱离生产线，破坏社会经济，其中更有许多人死在徭役中。同时苛捐杂税繁多，人们要将收入的一半多上交。秦朝的官吏也残暴不仁，刑法严苛，死刑有车裂等十多种，一人犯罪，全家株连。因此秦朝的民众负担过大，苦不堪言，心中恨透了秦朝的暴政。

秦朝统一天下后，反而变本加厉的劳民伤财，不懂得适可而止，反而适得其反，致使官逼民反，在陈胜、吴广的领导下，发起了中国历史上第一次大规模农民起义的旗帜，从此秦朝开始走向灭亡。

"水能载舟，亦能覆舟"是说统治者如船，老百姓如水，水既能让船安稳地航行，也能将船推翻吞没，沉于水中。秦朝的覆灭，就是活生生的案例。

庄周马 范蠡舟
唯不争 故无忧

有声诵读

扫一扫　听名师讲家训

译文……

　　天地之大,如庄子的思想一样,不受束缚和羁绊,策马驰骋,返归自然;江湖之远,效仿范蠡功成之后急流勇退,远离红尘俗世,逍遥自在。人生不要执着于浮华外在,懂得如何与之争,才是真正的不争,就不会有忧虑。

释义……

　　"天地庄生马,江湖范蠡舟"出自高适的《古乐府飞龙曲留上陈左相》,意思是庄周以天地为马,范蠡遨游于江、湖之中,他们尽逍遥而无忧。庄子姓庄名周,他是继老子之后道家学派的代表人物,创立了华夏重要的哲学学派——庄学。范蠡为春秋末期政治家、军事家、经济学家和道家学者,传说他帮助勾践兴越国,灭吴国,一雪会稽之耻。功成名就之后急流勇退,化名姓为鸱夷子皮,遨游于七十二峰之间。"天之道,不争而善胜"出自老子的《道德经》,意思是自然的规律为无需斗争而取得胜利。

导读

　　不争哲学在《老子》中出现了很多次,也因为不争、无为,而让一些人误以为老子是传播消极、不作为的思想,其实恰恰相反。

　　如"水善利万物而不争",意思是水善于滋润大地中的万物并且不与万物相互争夺资源,它停留在众人所不喜欢的地方,所以接近于道。上善的人要像水那样安于卑下,处在不引人注目的位置,心胸要像水那样深沉,善于保持沉静而深不可测;待人像水那样相亲,善于友爱和无私;说话像水那样真诚,善于恪守信用;为政像水那样有条有理,善于精简处理,能把国家治理好;处事像水那样伺机而动,能够善于发挥所长,行动善于把握时机。显然,老子是以水为喻,将人的高尚情操同滋润万物的水相比,衬托出人的善良,并提倡管理者学习水的高尚品质,不与人争位、不与民争利。

　　如"天之道,不争而善胜",意思是自然大道,有着自己根本的运化规律,无须争取也能胜利。"不争而胜"是一种低调处世的高超智慧。"不争"不是不进取,而是不计较于眼前蝇头小利而失大体,是一种远见和智慧,使自己保持较弱小的地位,这样既可以麻痹对手,还能让自己获得上升和发展的空间。

　　老子推崇"为而不争",这种"为"其实是为自己想要的一切进行努力;不争,是在条件不具备的时候韬光养晦。这个世界越浮躁,我们的内心越要宁静坦然,只有宁静才能笃定,才可抵御外界的干扰,才能在浮躁的社会里坚守自己。

　　老子的不争哲学,在当时是只针对君王的告诫。现在看来,对于我们普通人也是非常有启发作用的。所谓"退一步海阔天空",人生的许多事看清了,看开了,脚下的路会更为顺畅。

31

故事:功成身退

春秋末期,楚国范蠡和文种共同辅佐越王勾践整顿国政,使国家转弱为强,终于击败了吴国。

范蠡察觉到越王为人只可和他共患难,不宜与他同安乐,便在越王欢宴群臣时,选择了归隐。范蠡临逃时,写了一封信给越国的宰相文种,信上说:"狡兔死,走狗烹;飞鸟尽,良弓藏;敌国破,谋臣亡。"意思是勾践这种人只可共患难不可共享乐,你最好尽快离开他。

文种看完信后,便称病不再入朝。后来有人向越王进谗言说文种将要作乱,越王勾践便送给文种一把剑,对他说:"你教给我七个灭别人国家的方法,我只用了三个就把吴王国灭掉,还剩下四个方法,你拿到先王那里去帮助先王试下吧。"文种引起勾践疑忌,最终被赐剑自刎。

范蠡带着西施隐居经商,他一边经商,一边泛舟五湖,其间三次成为巨富,又三次散尽家财救济贫困,每次散尽家财之后,都会再赚到更多的钱。做官,范蠡能做到急流勇退,功成而不居;经商,他又能做到财聚而不守,所以才能全其身,成其名,被后世誉为"财神"。

32

故事：司马懿的进退

　　三国魏臣司马懿，风雨几十载辅佐魏国四代君主，见证了曹氏家族从兴盛走向衰亡，最终独揽大权，成功逆袭，正是因为他深谙君臣之道，审时度势，知进退，明得失。

　　司马懿在曹操主政的时候不争官职不出仕，在面对曹操的招揽时，为了不开罪曹操，用马车轧断双腿，告病休假。后来曹操再次招揽，他又假装懦弱愚钝，掩盖自己的才华，埋藏自己的野心，直到曹操去世也未得到重用。

　　诸葛亮与司马懿两军对峙五丈原时，司马懿死守不出，诸葛亮由于长途奔袭，不能久战，因此心急如焚。于是诸葛亮送了一件女人衣服给司马懿，来羞辱他像女人一样，并派遣士兵到阵前辱骂司马懿，想激他出战。司马懿看到了蜀军粮草不接，不能久战，所以不管蜀军怎么挑衅、谩骂仍然坚守不出，最终诸葛亮病逝退兵。

　　后来曹爽大权在握，司马懿不争权夺利，隐忍避让，等待时机，发动了高平陵政变，起兵控制了京都，并诛杀曹爽，此后魏国的政权和军权均落入司马家族手中，为子孙建晋打下坚实基础，都体现出他不争即争的智慧。

33

故事：三季人

相传孔子有位弟子，平日里最喜欢与人争论。一天他遇见一个穿着绿色衣裤的小童，小童拦住他问道："听说你的老师是孔圣人，那么你的学问应该挺好的，我现在想请教你一年有几个季节？回答出来了，我给你磕头，回答错了，你给我磕！"

弟子想了一下说："四季。"童子说："错了，三季！"弟子就奇怪了："明明是四季，怎么到你这就三季了？"正当两人争论不休之时，孔子出来了，然后童子对圣人说："圣人，你来评评理！一年到底有几季？"圣人打量了一下绿色衣裤的童子，回答说："三季。"童子高兴地要弟子磕了头，然后走了。

弟子大为不解。孔子语重心长地告诉他："你不见那童子不是人吗，它是一只蚱蜢变的，蚱蜢一年中只活春、夏、秋，它哪里知道冬天这个季节呢，你与它争论是没有结果的。"弟子这才恍然大悟，叩拜师父的教诲。

可见，由于每个人的境界不同，层次不一样，每个人都有自己看待事物的立场，都有自己的道理，没有必要非得争执到对方认可自己。同时，我们更应该活到老，学到老，积累知识，提高自己的修养境界，避免眼界受限成为三季人。

似 无 为　即 有 为
天 地 人　道 自 然

有声诵读

扫一扫　听名师　讲家训

译文...

　　天地万物自然而然地生成,就其自然而然来说,称之"无为";就其生成万物来说,又称之"无不为"。 人们依据于大地而生活劳作,繁衍生息;大地依据于上天而寒暑交替,化育万物;上天依据于大"道"而运行变化,排列时序;大"道"则依据自然之性,顺其自然而成其所以然。

释义...

　　"人法地、地法天、天法道、道法自然",出自老子的《道德经》,意思是人类要与天、地合二为一,要学习大道包容万物的胸襟,能与大自然和谐相处。只有这样,人类才会生活得快活逍遥,无所为就是无所不为。人、地、天三者都受到上一级法则的制约,而道本身就是自然的。"道法自然"并不是说道之外还有个"自然",而是说道的活动以自我满足、独立自在为法则。

导读...

对中国人而言，其人生哲学的理论来源无非是儒、释、道三家。儒家提倡事求进取，释家提倡心悟空慧，道家提倡道法自然，儒、释、道三家无外乎都重在一个心字。用通俗的话来讲，即儒家让人拿得起，释家让人放得下，道家让人想得开。

"拿起"与"放下"，是一种人生态度，而"想得开"则是一种人生智慧。所谓智慧地面对人生，就是不必刻意于有为或无为，而是在面对任何事情或境遇的时候能随遇而安，顺势而为，保持一种平和的心态、豁达的心胸。"无为"更不是不作为，而是不妄为。道家主张顺其自然，即管理者充分尊重人自身的禀性、状态和趋向，不过分干预他们的生活，使之遵循人固有的本性、意愿和逻辑，自我发展，自我实现，以无为而达到无不为，其哲学智慧就是"道法自然"。而儒家主张以德化民，即管理者不以政令、刑法等强加于人，而是从自身做起，以自身的道德和功业使民众受到影响和感化，使民众"不令而行"，实现天下大治。

人生，无非"拿起"与"放下"。人生有太多想要拿起的东西，比如财富、名利、美貌、健康，待追逐到最后，才会发现人生只有看破、放下，才能自在。放下物欲的纠缠，多一些淡泊的自由；放下怨恨的纠结，多一些平静的自由；放下愚痴的执着，多一些清简的自由。人生放下的越多，得到的也就越多。

人生之路难免会有坎坷，总会在不经意时出现一些阴差阳错、难以取舍的决定。有些东西，因为本就不属于你，所以终究还是要放下。有些牵手，明明知道是个错误，却不甘心放弃，也不忍心割舍，直到身心疲惫，伤痕累累，最后才不得不转身离去。拿起，只需一瞬间；放下，却需要数年。"拿起"与"放下"，关乎智慧和幸福。

34

故事：以德化民

　　舜是中国上古时代父系氏族社会后期部落联盟首领，因品德高尚，尧才把王位禅让给他，并传了四个字，即"允执厥中"。其意思是：一定要用诚恳的态度把握住事物的中正之道，不偏不倚，才能够治理好国家。

　　舜和尧一样，坚持以德化民的政策，对老百姓很宽厚，连惩罚都是象征性的，如犯了该割掉鼻子罪的人，让穿上赤色衣服来代替；应该砍头的人只许穿没有领子的布衣。在朝政方面，舜也是坚持无为而治的原则。当时中原到处是洪水，以前尧派鲧去治理洪水，9年后失败了，舜就派鲧的儿子禹去治水。禹果然不负众望，13年后平息了洪水。为了让老百姓懂得乐舞，舜派夔到各地去传播音乐。有人担心夔一个人不能担当重任，舜说："音乐之本，贵在能和。像夔这样精通音律的人，一个就足够了。"夔果然出色地完成了任务。

　　尽管看起来舜平时没做什么事，但正是身上散发出来的一种道德的力量，感染着身边的人拥护着他，才将国家管理得如此之好，广受子民的爱戴。连孔子对舜都十分赞叹："无为而治，说的正是舜啊！"

35

故事：鹬蚌相争

643 年，对于唐太宗李世民来说是一个多事之秋。在这一年，他的第五子李祐在齐州举兵谋反被斩首，李祐的谋反案又牵出了太子李承乾的谋反。李承乾被废，魏王李泰当晚就入宫见李世民，在李世民怀里撒娇，表示假如自己成为太子并坐上了皇位，百年之后一定会杀了自己唯一的儿子李欣而让晋王李治做皇帝。李世民大为感动，许诺会让李泰做太子。但是，李泰转身又去威胁李治退出储君候选资格。李治将此事告诉李世民，而被废的李承乾也坦承自己谋反是因为李泰对太子位有所图谋。于是李世民下定决心，带着李治驾临两仪殿，在长孙无忌、房玄龄、李绩等重臣面前因为诸子诸弟争位之事而欲拔剑自杀。长孙无忌等出面阻拦，表示晋王李治宽厚仁孝，堪为太子。同年四月七日，唐太宗亲驾承天门，下诏立李治为皇太子。

最终，一个"无意"争权的第九子李治成了皇帝。真所谓"鹬蚌相争，渔翁得利"。

36
故事：萧规曹随

萧何病逝后，曹参接替了丞相的职务。当上丞相的曹参，处理政事，一切按照萧何已经确定的章程，一点都不变动。有些大臣看到曹参这样清静无为的做法很是不满，也有的大臣着急向他献计献策。可曹参自有一套对付他们的办法。凡是就政事向他进言的，曹参都请他们一起喝酒，直到客人喝得酩酊大醉地回去，他们还一点建议也没来得及提出来。

年轻的惠帝看到曹参每天饮酒作乐，心里很是焦急。一日，惠帝刘盈问他为什么这样。曹参回答："汉朝刚建立时，人民饱受战乱之苦，萧丞相顺应民意，制定了一系列明确而完整的法令，以及鼓励人民生产的积极措施，到了我当丞相的时候，大的社会环境还是如此，所以我等臣子谨守各自的职责，遵循原有的法度，不随意更改，认真执行就可以了。"惠帝一听，觉得非常有理。

曹参审时度势，采取"无为而治"的策略，沿着萧何制定的规章制度，有条不紊地治理着国家，没有出过偏差，从而更加巩固和稳定了汉朝的政治格局，留下了"萧规曹随"的佳话。

留尺璧 终外物
故箴言 望勉之

有声诵读

扫一扫　听名师讲家训

译文...

留给子孙一尺长的璧玉或更多的金银珠宝终究都是身外之物，不如把人生之道的思想智慧留给子孙，希望他们在立身处世、持家治业中受到益处，获得勉励而积极进取。

释义...

"圣人不贵尺之璧而重寸之阴，时难得而易失也。"这话出自《淮南子·原道训》，意思为：圣人不以盈尺的璧玉为贵，而珍惜一寸的光阴，这是因为时间难以得到却容易失去。箴言出自《书·盘庚上》："相时憸民，犹胥顾于箴言。"古代以规戒他人或自己为目的的一种文体。原意为格言、道义、劝戒。中国一些充满格言味的韵文和散文也是箴言，如西汉扬雄的《冀州箴》、西晋张华的《女史箴》等。

导读...

"孩子，我拿什么留给你？"这是一个值得思考的话题。我们经常会听到"富不过三代"，即便你把全世界的金子捧到儿孙面前，又怎么能确保儿孙能世世代代幸福呢？秦始皇留给后世不计其数的玉石珠宝乃至天下，自以为王位可传子子孙孙直至万世，却在秦二世继位仅仅三年的挥霍下，他辛苦创建的帝国便遭"楚人一炬，可怜焦土"，短时间就灭亡了。反观周朝，周王室重视传承德行，明规礼法，把这笔财富留给后世子孙，这是周朝得以延续八百年的重要原因。

人们常说，金钱、财富、荣誉、权势、地位等都不过是身外之物，生不带来，死不带去。既然有身外之物，必定有身内之物。思想、智慧、信仰、道德，这就是身内之物。不要只想着把财富留给孩子，要把孩子变成财富，要把身内之物传授给孩子。我们一定要让孩子拥有健康的体魄、热爱生活的态度、独立自强的精神、积极健全的人格。父母留给孩子的最大财富，就是孩子自己这个"人"。

著名作家小霍丁·卡特这样阐释自己对于"遗产"的看法："我们希望有两份永久的遗产能够留给我们的孩子，一个是根，另一个是翅膀。""根"，就是一个人的基本心性和品质；"翅膀"，则是适应世界的生存能力。孩子首先应该拥有健康的体魄，拥有积极的人格，拥有阳光的心态，这样才称其为健康人的"根"；而勤劳、勇敢、坚韧、沉着等"翅膀"，则可以帮助他在人生的天空自由飞翔，大展宏图。

虚荣的父母不可能教给孩子踏实，刻薄的父母也不可能教会孩子宽容。在教育孩子的同时，对父母自身也是一种要求，更是一种修行。不要只想着在外奔波挣钱，美其名曰准备好一切去迎接孩子，而应该引导孩子准备好一切去迎接未来，让他们有足够的能力去打拼自己的江山，放飞自己的梦想。

37

故事：卜氏牧羊

卜式，以耕种畜牧为业，家中只有个弟弟。弟弟成人后，卜式把房屋田产都留给弟弟，自己赶着一百只羊入山放牧。十几年后，卜式的羊达到一千头，弟弟却把家业全部耗尽，卜式又分出一半羊给弟弟。当时由于汉朝和匈奴长期开战，国库虚空，卜式上书，愿出一半家财助边。汉武帝派人来问："你想做官吗？"他回答说："我从小牧羊，不会做官。"来人问："你家里有什么冤屈吗？"他说："我生来不与人争，不会有冤屈。"

一年后，山东发生水灾，洪水方圆两千里，流民大量涌入河南郡，卜式又上书河南太守，出二十万钱帮助流民。太守上报汉武帝，汉武帝拜卜式为中郎官，布告天下。无奈，卜式不愿出来，汉武帝只得派人来说："天子上林苑中有一大群羊，希望你来放牧。"于是卜式来到京城，以中郎官的身份，每天穿着草鞋在苑中牧羊。一年多后，羊都变得很肥，繁育也很快，皇帝因此很赞赏，问他有什么诀窍。卜式说："养羊和治理国家的道理是一样的，只要按时起居，把不好的赶走，不要让它败坏羊群就可以了。"

皇帝听了他的话很惊奇，便让他来当县令治理一方，后来又升为齐王太傅。

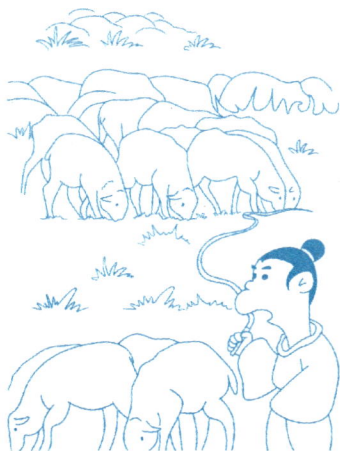

38

故事：授人以鱼，不如授之以渔

　　从前，有个饥饿的穷人得到了一位长者的恩赐，给了他一篓鲜活肥硕的鱼。穷人得到这些食物后，立马就用干柴搭起篝火煮起了鱼，他狼吞虎咽，连鱼带汤吃了个精光。这样大吃大喝几天后，鱼没有了，穷人又开始饿肚子，为了再次吃到鱼，他忍不住又厚着脸皮向长者乞讨。

　　长者心想："如果鱼都给了他，那自己家怎么生活，与其给他鱼，不如教他捕鱼的方法，这样不是更能帮助他吗？"在长者认真地教导下，加上穷人自己的努力，他很快就学会了捕鱼。在他第一次捕获到鱼时，为了报答善良的长者，他把鱼全都送给了长者。穷人靠着捕鱼的手艺，从此过上了幸福安康的生活。

　　一条鱼能解一时之饥，却不能解长久之饥，如果想永远有鱼吃，那就要学会钓鱼的方法。可见，一个人只顾眼前的利益，得到的终将是短暂的欢愉，只有掌握解决问题的方法，远方才终是坦途。

39

故事：互市的智慧

三国时期，魏国曹操的儿子曹彰击败乌桓叛军之后，两方开发市场进行商品交易。

曹操要求中原人在市场上只能向鲜卑人出售布匹和瓦罐，严禁出售书籍、铁矿和粮食，其理由是：布匹是丝织品，瓦罐是烧熟的土，这些都是属于人们日常生活所需的单纯商品。但是书籍可以增长知识才干，提高人的智慧，铁矿可以铸造刀剑兵器，粮食可以用于军需，这些都是战备资源和技术方法，不能给经常来侵扰的敌人。就这样，边关多年得以安定。

可见，我们做什么事都得讲究策略，对于治国更要讲究策略。两千年前，古人就明白战争不仅仅是在铁马兵戈的战场。而没有硝烟的贸易，同样是战场，自然资源的争夺、人才资源的争夺，技术资源的争夺，这些都是一个国家的软实力。战争并非人多就能取胜，千军易得，一将难求，所有的竞争，归根结底都是人才的竞争。如何培育人才，招揽人才，使用人才，留住人才，才是成就事业的根本。

扬正气 人自强
门风立 家和兴

有声诵读

扫一扫 听讲名师家训

译文…

　　每一个人都要坚守正道，弘扬正气，自强不息，并把这些优秀的品质传承下去，形成一个家族的思想行为准则，即谓之"家风"，兄弟之间同气连枝，亲朋之间扶持照应，代代相传沿袭，当每个家庭都和睦兴旺了，国家自然而然也就强大了。

释义…

　　"天行健，君子以自强不息"，出自《周易》，意思是：君子效法上天刚健、运转不息之象，从而自强不息，进德修业，永不停止。"门风"即我们现在倡导的家风。家风，是一个家族代代相传沿袭下来的体现，家族成员精神风貌、道德品质、审美格调和整体气质都体现家庭文化的风格。家风对家族的传承，民族的发展都起着重要的作用。

中国作为一个文化延承不断的国家,在几千年的历史长河里,没有出现思想传承被中断、被毁灭的情况,是因为中国有一套自身特色的家国伦理观念。

在古人眼中,家不仅是一个安居栖息之地,它还承载着一个家族代代传承的记忆。因此,"家"的意义并不是单纯的居住场所,更多的是一个家族文化及历史底蕴的见证。

家庭是社会的细胞,家庭文明状况不仅是社会文明的缩影,而且可以影响和改变社会风气,营造社会新风尚。所以,良好家风的构建与传承不是小事私事,好的家风利家、利民、利国,相反则害己、害人、害社会。

好的家风,立品格,定性情,树志向。好的家风,是一个人前进的路标,告诉你一个人哪怕生于平凡,也当有志向,有品位,才能找到自己愿意为之付出一生的事业,成人成才。

古人常以忠厚传家,诗书继世,以礼教于子孙,催其上进,使其向善。"修身、齐家、治国、平天下",这就是他们倡导的家风。如今,在社会价值多元的情况下,每个人对生活各有追求,但家风依旧不能丢下,它是一个人修身成人的开始,它是我们活着的精神路标和支柱。如今的"家风",其实更多是一个家庭的气质和价值观。无论大家小家,父辈祖辈显赫与否,他们一定有自己的立身处世之本,告诉晚辈应当如何行走世间。可以说,家风是一个家庭最好的精神不动产。家长要明白代代相传的不仅是家财和地位,更应该有内涵和精神。一个家庭的好坏习惯是具有传染性的,家长必须警惕、谨慎,尤其要起到传与带的作用。家长是塑造孩子品格的无形力量,家长的行为举止,无不对孩子有着潜移默化、上行下效的影响。优良的家风建设,需数代人不懈努力践行而成,通过父传子,子传孙,子子孙孙相互濡染的家庭教育氛围,才能铸就家族生生不息的昌盛。

40

故事：陶母退鱼

陶侃是东晋名将。他为稳定东晋政权立下过赫赫战功，他治下的荆州曾"路不拾遗"。陶侃能取得这样的成就，得益于母亲的训诫。

陶侃少年时丧父，家境清贫，与母亲湛氏相依为命。在这样一个家庭里，湛氏对陶侃却管教很严，采取恩威并用的方法，使家训获得成功。

陶侃年轻时在浔阳县做小官，监管渔业。有一次，他叫人把一罐腌鱼送给母亲吃。湛氏原封不动退还了他，并且写了一封信去斥责儿子："你做了官，把官家的东西送给我吃。这不但对我没有益处，相反却增加了我许多的忧愁啊。"她以此举教育儿子为官要廉洁奉公、不牟取私利。陶侃遵从母训，后来领军出征，凡有战利品，都分给士卒，自己不留一点私货。

后人赞誉："世之为母者如湛氏之能教其子，则国何患无人才之用？而天下之用恶有不理哉？"

41

故事：一门三院士

著名的"戊戌变法"领袖之一的梁启超，是清末民初杰出的思想家、教育家，与王国维、陈寅恪、赵元任并称为清华国学研究院"四大导师"。梁启超不仅文采出众，思想超群，在教育子女方面也非常有成就。

梁启超一共有九个子女，在他的教育、引导下，全部都是各个领域里的顶尖人才，建筑学家梁思成、考古学家梁思永、火箭控制系统专家梁思礼，真所谓"一门三院士，九子皆才俊！"这样强大的家庭教育，无不让人羡慕和佩服。

梁启超极为注重子女们的启蒙教育，他发表的《论女学》《论幼学》等文，对于青少年的早期教育有着相当深刻的认识。他说："人生百年，立于幼学。"他认为启蒙教育是关系到每一个人一生成败的大事，是安身立命的基础工程。

为了让子女们在年幼时打好国学基础，梁启超请清华国学院的谢国桢来做子女们的家庭教师，为子女们讲解《论语》《左传》当中的国学知识。他对于子女的爱，是全方位的，不仅在求学，而且在为人处世，甚至理财、时政等诸多方面，皆以平和、平等的态度展开。

42

故事：破荡败业非子孙

　　林则徐一生为官三十载，在跌宕起伏的仕途生涯中，他始终不忘教诲子女。61岁时为诸子写立分书，对财产进行了处分，道出他为官30多年所积家产尚不及他一年的"养廉银"，足见其清廉官风。林则徐曾写对联教育子孙："子孙若如我，留财做什么？贤而多财，则损其志；子孙不如我，留钱做什么？愚而多财，益增其过。"意思是说，如果子孙后代像我这么廉洁、聪慧，我把钱留给他反而损害了他的斗志；子孙不如我，留钱给他反而使他好逸恶劳，留的钱越多越是增加其过错。

　　林则徐的子孙今已至第九代，后辈们牢记祖训"破荡败业非子孙"，故子孙无论居国内或侨居海外，多能勤奋上进、克己奉公、诚意待人、忠于职守。

　　"苟利国家生死以，岂因祸福避趋之"，该诗句出自林则徐的《赴戍登程口占示家人》，意思是：只要对国家有益，哪怕是要付出生命也在所不惜，不能因为个人的富贵荣辱和得失而去逃避和推卸责任。

　　林则徐这种愿为国献身、不计个人得失的崇高精神，影响和培育了一代代爱国精英。

孔子家训

[内容概况]

　　《孔子家语》一书最早在《汉书·艺文志》中有记载,其二十七卷,为孔子门人所撰,今传本《孔子家语》共十卷四十四篇,三国时期魏人王肃对其进行了注释。书中详细记录了孔子与其弟子门生的问答和言谈行事,是研究儒家思想的重要资料。

《孔子家语》详细记录了孔子与其弟子门生的问对诘答和言谈行事,对研究儒家学派(主要是创始人孔子)的哲学思想、政治思想、伦理思想和教育思想,有巨大的理论价值。同时,由于该书保存了不少古书中的有关记载,这对考证上古遗文,校勘先秦典籍,有着巨大的文献价值。其次书中的内容大都具有较强的叙事性,也就是说大多是有关孔子的逸闻趣事,所以此书又具有较高的文学价值。

宋儒重视心性之学,重视《论语》《孟子》《大学》《中庸》,但与这“四书”相比,无论在规模上,还是在内容上,《孔子家语》都要高出很多。由《家语》的成书特征所决定,该书对于全面研究和准确把握早期儒学更有价值,从这个意义上,该书完全可以称得上“儒学第一书”的地位。

[名句摘录]

原句:仁义在身而色不伐,思虑通明而辞不专。

译文:一个人若有仁义之心,就不会自我夸耀;考虑问题若能明辨是非,通达事理,说起话来就不会自以为是。

原句:树欲静而风不止,子欲养而亲不待。

译文:树想要静止,风却不停地刮动它的枝叶。树是客观事物,风是不停流逝的时间,比喻时间的流逝是不随个人意愿而停止的。多用于感叹人子希望尽孝双亲时,父母却已经亡故。

[作者考究]

受业于孔子者为孔子弟子,受业于孔子弟子者为孔子门人。孔子是中国古代著名的思想家和教育家,也是儒家学派的创始人。《史记·孔子世家》记载:“孔子以诗、书、礼、乐教,弟子盖三千焉,身通六艺者七十有二人。”这“孔门七十二贤”,是孔子思想和学说的坚定追随者和实践者,也是儒学的积极传播者。而据清朱彝尊撰的《孔子门人考》,书中只收录了有名字的孔子门人三十一人。孔子弟子都有三千,可见孔子门人的数量会更庞大。

司马光家训

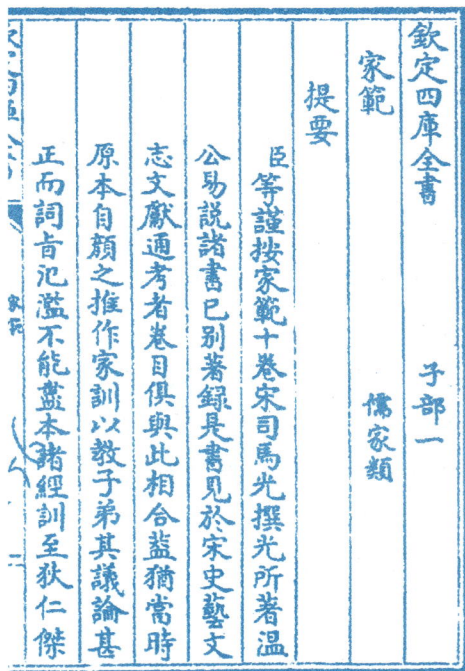

欽定四庫全書　　子部一

家範　　　　　儒家類

提要

臣等謹按家範十卷宋司馬光撰光所著溫
公易說諸書已別著錄是書見於宋史藝文
志文獻通考者卷目俱與此相合蓋猶當時
原本自顏之推作家訓以教子弟其議論甚
正而詞旨氾濫不能盡本諸經訓至狄仁傑

[内容概况]

　　司马光家训主要著作包括:《家范》《居家杂仪》和家书《训子孙文》
《训俭示康》《与侄书》等组成。《家范》采集了诸多历史人物大家的典型
事例,全书共十卷十九篇,涉及治家、修身、平天下的内容。《居家杂仪》
规定了居家生活的礼节和范式共二十一则,是传统家庭礼法读本,对家
庭每位成员的角色定位,行为准则有明确的规定。《训俭示康》实际上是
司马光专门就节俭问题训示儿子司马康的家书。这封短短的家信,因其

对节俭持家的真知灼见和司马氏家族"世以清白相承""以俭素为美"的家风,而为历代人们所称道和传颂,影响极为深远。

司马光父子二人建功立业,称颂于后世,这与其言传身教、不喜华靡的家教渊源是密不可分的。

司马光的家训在今日而言,对很多为人父母者仍有积极的参考和借鉴意义。

[名句摘录]

原句:积金以遗子孙,子孙未必能守;积书以遗子孙,子孙未必能读;不如积阴德于冥冥之中,以为子孙长久之计。

译文:祖先无论给后世子孙留下多少的财富和积蓄,后代子孙要是没本事,也终有坐吃山空的一天;就算给后代留下创造财富的经验和知识,子孙后代要是不用心去学,也是空有宝山而已;倒不如从自身做起,行善积德,常做好事,那便可以福泽子孙,代代受益。

原句:君子寡欲,则不役于物,可以直道而行。

译文:君子减少欲望,就能不受物质的奴役直道前行。

原句:由俭入奢易,由奢入俭难。

译文:从节俭变得奢侈是容易的,从奢侈变得节俭却困难了。

[作者考究]

司马光(1019-1086),字君实,号迂叟,陕州夏县(今山西夏县)涑水乡人,世称涑水先生。北宋史学家、文学家。历仕仁宗、英宗、神宗、哲宗四朝,卒赠太师、温国公,谥文正,主持编纂了中国历史上第一部编年体通史《资治通鉴》,为人温良谦恭、刚正不阿,其人格堪称儒学教化下的典范,历来受人景仰。生平著作甚多,主要有史学巨著《资治通鉴》《温国文正司马公文集》《稽古录》《涑水记闻》《潜虚》等。

颜氏家训

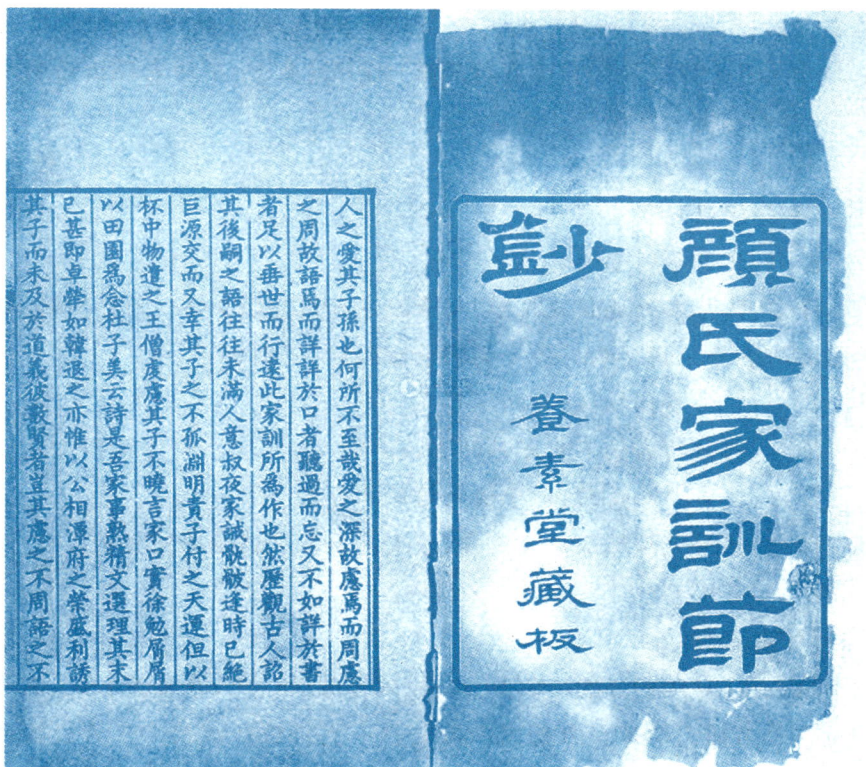

[内容概况]

《颜氏家训》是中华民族历史上第一部内容丰富、体系宏大的家训，也是一部学术著作。该书成书于隋文帝灭陈国以后，隋炀帝即位之前（约公元 6 世纪末），是颜之推记述个人经历、思想、学识以告诫子孙的著作。共有七卷，二十篇。分别是序致、教子、兄弟、后娶、治家、风操、慕贤、勉学、文章、名实、涉务、省事、止足、诫、养心、归心、书证、音辞、杂艺、终制。

《颜氏家训》开了后世家训的先河,被后世学者誉为"古今家训之祖"推崇备至,认为是家训展开家庭教育的典范。

从总体上看,《颜氏家训》是一部有着丰富文化内蕴的作品,不失为民族优秀文化的一种,它不仅在家庭伦理、道德修养方面对我们今天有着重要的借鉴作用,而且对研究古文献学,研究南北朝历史、文化有着很高的学术价值;同时,作者在特殊政治氛围(乱世)中所表现出的明哲思辨,对后人有着宝贵的认识价值。

[名句摘录]
原句:父不慈则子不孝。
译文:父亲不知道爱抚儿子,儿子就不知道孝敬父亲。上行下效,有其父必有其子。讲父母对子女的影响作用时,可引此条。
原句:巧伪不如拙诚。
译文:巧妙的虚伪不如守拙的真诚。
原句:父威严而有慈,则子女畏慎而生孝矣。
译文:只要父母既威严又慈爱,子女自然敬畏谨慎而有孝行了。

[作者考究]
颜之推(531-约595),字介,汉族,琅邪临沂(今山东临沂)人。南北朝时期著名的文学家、教育家。颜之推一生,历仕四朝,"三为亡国之人",饱尝离乱之苦,深怀忐忑之虑。但他博学多才,一生著述甚丰,所著书大多已亡佚,今存《颜氏家训》和《还冤志》两书,《急就章注》《证俗音字》和《集灵记》有辑本。其中《颜氏家训》在家庭教育发展史上有重要的影响。

朱子家训

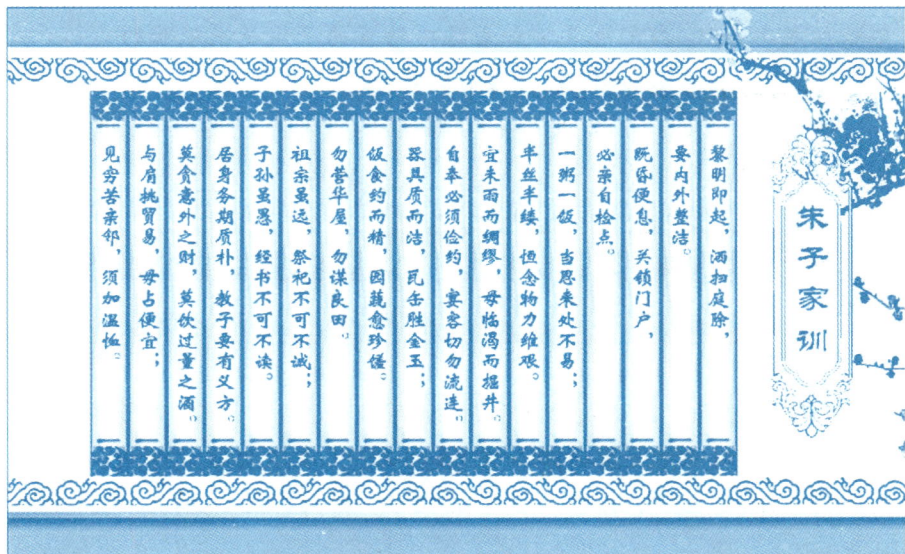

[内容概况]

《朱子家训》，全文 524 字，文字通俗易懂，内容简明赅备，对仗工整，朗朗上口，问世以来，成为清代家喻户晓、脍炙人口的教子治家的经典家训。

《朱子家训》以"修身""齐家"为宗旨，集儒家做人处世方法之大成，思想植根深厚，含义博大精深。全文通篇意在劝人要勤俭持家安分守己，讲述中国几千年形成的道德教育思想，以名言警句的形式进行表达，非常适合口头传训，也可以写成对联条幅挂在大门、厅堂和居室，作为治理家庭和教育子女的座右铭，因此广受官宦、士绅和书香门第欢迎,自问世以来流传甚广,被历代士大夫尊为"治家之经",清至民国年间一度成为童蒙必读课本之一。

[名句摘录]

原文:一粥一饭,当思来处不易;半丝半缕,恒念物力维艰。

译文:对于一顿粥或一顿饭,我们应当想着来之不易;对于衣服的半根丝或半条线,我们也要常念着这些物资的产生是很艰难的。

原文:宜未雨而绸缪,毋临渴而掘井。

译文:凡事先要准备,像没到下雨的时候,要先把房子修补完善,不要"临时抱佛脚",像到了口渴的时候,才来掘井。

原文:自奉必须俭约,宴客切勿流连。

译文:自己生活上必须节约,聚会在一起吃饭切勿流连忘返。

[作者考究]

朱柏庐(1617-1688),原名朱用纯,字致一,自号柏庐,江苏昆山(今昆山市)人。明末清初著名理学家、教育家。其父朱集璜是明末的学者,清顺治二年(1645)守昆城抵御清军,城破,投河自尽。朱柏庐自幼致力读书,曾考取秀才,志于仕途。清入关明亡遂不再求取功名,居乡教授学生并潜心研究程朱理学,主张知行并进,躬行实践,一时颇负盛名。曾用精楷手写数十本教材用于教学。康熙间坚辞博学鸿词之荐,后又坚拒地方官举荐的乡饮大宾。与徐枋、杨无咎号称"吴中三高士"。康熙三十七年(公元1698年)染疾,临终前嘱弟子:"学问在性命,事业在忠孝"。著有《删补易经蒙引》《四书讲义》《劝言》《耻耕堂诗文集》《愧讷集》和《毋欺录》等。

曾氏家训

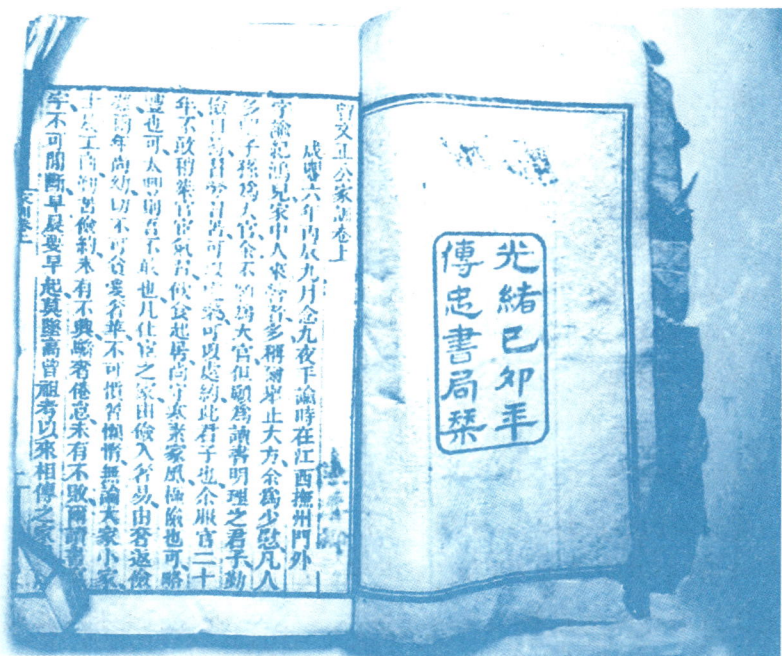

[内容概况]

　　曾氏家训，书名为《曾文正公家训》，当代出版的曾氏家训书名为《曾国藩家训》或《曾国藩家书》，均是后人从曾国藩写给家人的书信中整理而成，内容涉及为人处世、从政治军、家风家教、修身养性等方面。他的家书不仅是一部记录家常的书信集，更是一部蕴藏着为人处世、持家教子的智慧书。

曾国藩出身农家，朝中无任何依傍，却三十七岁便官至二品，九年升十级，以并不超绝的资质，竟能办成挽狂澜于即倒，扶大厦于将倾，平定大乱，再造"中兴"的不世伟业，而且在其后代中，更是人才辈出。曾国藩兄弟五人的家庭，近 200 年来，绵延至第八代孙，共出有名望的人才 240 余人。

[名句摘录]

原句：家俭则兴，人勤则健；能勤能俭，永不贫贱。

译文：家族保持俭朴的传统，就能够兴旺。人保持勤劳就能够健康。家族能够勤劳俭朴，那么生活就永不会贫贱。

原句：不为圣贤，便为禽兽；莫问收获，只问耕耘。

译文：你如果不去追求高尚做一名圣贤，那么你就是禽兽，人活着要有追求。不要在乎最终的结果是什么，只要用心的做好自己就行了。

原句：求业之精，别无他法，日专而已矣。

译文：寻求学业之精深，没有别的办法，说的是一个"专"字而已。

[作者考究]

曾国藩(1811-1872)，字伯涵，号涤生，原名子城，派名传豫，清湘乡县荷叶塘(今双峰荷叶乡)人。理学家、政治家、书法家、文学家，是中国历史上最有影响的人物之一。23 岁取秀才，入县学；24 岁入岳麓书院，中举人；中进士留京师后十年七迁，连升十级，37 岁任礼部侍郎，官至二品。后因丧母回乡丁忧，恰逢太平天国横扫湖湘，他因势在家乡创办湘军，为清王朝平定了太平天国运动，被封为一等勇毅侯，成为清代以文人而封武侯的第一人，后历任两江总督、直隶总督，官居一品，死后被谥"文正"。